# GRÄSER & BAMBUS
*im Garten*

GABRIELE RICHTER

# GRÄSER & BAMBUS
# *im Garten*

KOSMOS

# INHALT

FÜR JEDEN STIL

# SCHÖNE BEETE

*Innerhalb der großen Gruppe der Gräser und Bambus finden sich für jeden Gartenstil die passenden Komponenten – egal, ob die Gestaltung naturnah, klassisch, modern oder romantisch ist. Dabei sind viele Gräser in der Lage, auch an schwierigen Gartenplätzen noch gut zu gedeihen.*

[a] ÜPPIGE VIELFALT Nehmen Sie Platz in der sommerlichen Blütenpracht dieses naturnah gestalteten Hausgartens. Gekonnt wurden hier verschiedene Staudengräser mit sommerblühenden Stauden zu einem bunten, fröhlichen Mix kombiniert.

# VIELFALT ERWÜNSCHT

## *Jeder nach seiner Fasson*

Gärten sind so vielfältig wie ihre Besitzer. Der Stil, die Werte und das individuelle Lebensgefühl eines Menschen finden auch in der Gestaltung des eigenen Gartens ihren Ausdruck.

### MINIMALISTISCH ODER VERSPIELT?

Ebenso wie Häuser können auch die sie umgebenden Gärten oder Gartenteile ganz unterschiedliche Stilrichtungen haben. Der eine Hausbesitzer bevorzugt eine klare, moderne Architektur und wünscht sich hierzu den passenden minimalistischen Garten. Ein Romantiker möchte sein verwunschenes Haus auf dem Lande mit einem passenden Traumgarten umgeben. Der Gartenliebhaber im Ruhestand investiert viel Zeit in die Pflege seiner Rabatten, während es der Berufstätige vielleicht lieber pflegeleicht und trotzdem repräsentativ mag. Genauso wie beim Hausbau gilt es also, aus der Fülle der Möglichkeiten das Passende und Machbare für sich auszuwählen.

### EIN GARTEN MIT VIELEN ZIMMERN

Optimal ist es dann, wenn das Gebäude und der Garten eine harmonische Einheit bilden. Was auf der anderen Seite jedoch nicht heißt, dass der ganze Garten konsequent in einem einzigen Stil gestaltet werden muss. Es gibt fast immer die Möglichkeit, einen Garten in einzelne Räume aufzuteilen, beispielsweise durch Hecken, Pergolen oder Gehölzgruppen. Diese verschiedenen Gartenräume können dann durchaus ihren eigenen Stil haben. Beispielsweise kann ein Gartenraum mit viel Holz und einem Wegebelag aus Rindenmulch eher rustikal gestaltet sein, während ein anderer mit filigranen Metallkonstruktionen und Kieswegen eher elegant wirkt. Werden hier noch Sitzplätze integriert, entstehen mehrere individuelle Gartenzimmer. Auch kann es spannend sein, den verschiedenen Gartenräumen einzelne Farben zuzuordnen, also beispielsweise ein elegantes weißes Gartenzimmer zu gestalten oder einen bunten, üppigen Naturgarten. Bei sehr kleinen Gärten ist eine Unterteilung in Gartenräume manchmal nicht möglich oder aus gestalterischer Sicht nicht sinnvoll. Dann ist es vorteilhaft, sich für eine Stilrichtung zu entscheiden und nicht mehrere Stilrichtungen auf kleinstem Raum zu vermischen.
Durch ihre große Artenvielfalt bieten Gräser und Bambus nahezu für jeden Gartenstil reiche Gestaltungsmöglichkeiten: von naturnah bis modern. Entdecken Sie auch für Ihren Garten die filigranen Strukturen, Formen und Blüten und lassen Sie sich von Gräserwelten verzaubern.

[a] FARBSPIEL *Pennisetum setaceum* 'Rubrum' besticht durch sein schwarzrotes Laub und die auffälligen Blütenstände. Hier wird das dunkle Rot sehr wirkungsvoll mit Orange, Gelb und leuchtenden Blautönen kontrastiert.

[b] FLAUSCHIG UND WEICH Das einjährige Hasenschwanzgras zeigt seine hübschen Blütenstände von Juni bis August. Es liebt sonnige Standorte und lässt sich leicht aussäen.

[c] SOMMERIDYLLE Lebhaft gefärbte Dahlienblüten bieten, kombiniert mit den seidigen Blütenständen des Lampenputzergrases und überragt von *Verbena bonariensis* sowie der Spinnenblume, ein stimmungsvolles Sommerbild, das bis in den September hinein attraktiv bleibt.

# COUNTRY-GARDEN

## *Bunte Mischung aus Farben und Formen*

Beete im Coutry-Stil zeichnen sich durch einen bunten Mix aus einjährigen Blumen, Stauden, Kräutern, Früchten und Gemüse aus. Ihr Look ist farbenfroh und natürlich, manchmal auch gewollt etwas unordentlich.

### UNKOMPLIZIERTE STRUKTURGEBER

Obwohl Blumen und essbare Pflanzen bei diesem Gartenstil sicher die Hauptrolle spielen, lassen sie sich doch prima mit mehrjährigen Staudengräsern und einjährigen Gräsern ergänzen. Sehr gut lassen sich die verschiedenen Sorten des Chinaschilfs, *Miscanthus sinensis,* in diese bunten, üppigen Beete einstreuen. Sie haben je nach Sorte Wuchshöhen von 120 bis 280 cm und ragen so aus dem bunten Blumenmix empor, können also ein buntes Beet auch gut strukturieren. Ab Anfang August erscheinen die üppigen, seidigen Blütenstände. Im Herbst zeigen viele *Miscanthus*-Sorten eine prächtige Herbstfärbung in gelben, orangefarbenen und roten Farbtönen.

Hervorragend zum Coutry-Stil passen die auffälligen Blütenstände des Plattährengrases, *Chasmanthium latifolium*. Dieses unkomplizierte Staudengras gedeiht sowohl in der Sonne als auch im Halbschatten und wird 80 bis 100 cm hoch. Die auffälligen großen und flachen Blütenähren, die wie platt gedrückt aussehen, erscheinen ab August an bogig überhängenden Halmen. Sie sind zuerst rosa bis rötlich gefärbt und bekommen später einen warmen Kupferton. Zusätzlich bietet das Plattährengras ab September eine schöne, goldgelbe Herbstfärbung.

Beete im Coutry-Stil sind eine echte Fundgrube zum Schneiden bunter Sommersträuße. Hier sind die Halme und die Blüten der Gräser die perfekte Ergänzung. Besonders die Blüten des Plattährengrases wirken in Sträußen sehr dekorativ.

### EINJÄHRIGE GRÄSER: BLÜTEN IM BEET

Die Blüten vieler einjähriger Gräser, z. B. Zittergras, Mähnen-Gerste, Hasenschwanzgras, Kolbenhirse und Elefantengras passen besonders gut zu bunten Beeten im Country-Stil. Sie lassen sich ab März problemlos auf der Fensterbank oder im Gewächshaus aussäen und ab Anfang Mai direkt ins Beet pflanzen. Am besten setzt man einjährige Gräser im bunten Blumenbeet an einen definierten Platz, damit man von der jeweiligen Sorte eine kleine Kolonie hat und sie nicht zwischen Blumen und Stauden untergehen. Manchmal werden im Gartencenter einjährige Gräser auch im Topf angeboten. Das hat den Vorteil, dass die Pflanzen dann schon etwas größer und kräftiger sind, bevor sie ins Beet kommen. Andererseits ist die eigene Anzucht aus Samen deutlich preisgünstiger, vor allem dann, wenn größere Flächen bestückt werden sollen. Viele einjährige Gräser besitzen sehr auffällige und hübsche Blütenstände, die sich hervorragend für bunte Sommersträuße und auch für die Trockenbinderei verwenden lassen.

[a]

[b]

**[a] FLAUSCHIG** Woher der Name Hasenschwanzgras kommt, ist offensichtlich. Dieses zierliche, einjährige Gras sät oder pflanzt man am besten in kleinen Gruppen.

**[b] HERZFÖRMIG** Die richtige Gräserwahl für Romantiker ist das einjährige Zittergras mit seinen ausdrucksvollen Blütenherzen, die an feinen, fragilen Halmen schweben.

**[c] SEIDIG** Die feinen, silbrig-weißen Grannen der Mähnen-Gerste schimmern wie Seide und fühlen sich auch so an. Traumhaft in Kombination mit bunten Sommerblumen.

**[d] AUFFÄLLIG** Die großen, bogenförmigen Blütenstände der einjährigen Kolbenhirse sind im Sommerbeet nicht zu übersehen. Sie lassen sich gut mit höheren Stauden und Sommerblumen kombinieren.

[c]

[d]

**Zittergras: Herzen aus Gras**
Neben dem Stauden-Zittergras *(Briza media)*, gibt es mit *Briza maxima* auch ein einjähriges Zittergras. Dessen Blüten sind deutlich größer und ausdrucksvoller als bei dem Staudengras. *Briza maxima* erreicht eine Wuchshöhe von 30 bis 50 cm. Die zahlreichen herzförmigen Blüten in dichten Ähren erscheinen von Juni bis August. Zittergras bevorzugt vollsonnige Standorte und gut durchlässige Böden. Am besten pflanzt man es in kleinen Gruppen in den Vordergrund gemischter Beete. Will man die hübschen Blütenhalme für Trockengestecke verwenden, sollten sie rechtzeitig vor der Reife geschnitten werden, damit sie nicht streuen.

**Mähnen-Gerste: seidiger Rahmen**
Deutlich höher und kräftiger als das Zittergras wächst die Mähnen-Gerste, *Hordeum jubatum*. Auffällig an ihr sind die seidigen, silberweißen Blütenstände, die sich aus langen, haarfeinen Grannen zusammensetzen. Bei Reife wandelt sich die Farbe der Blüten in einen warmen Gelbton, der leicht rosa überhaucht ist. Die Mähnen-Gerste wird etwa 70 cm hoch und blüht von Anfang Juni bis in den September hinein. Besonders schön wirkt sie in gemischten Beeten mit Stauden und Sommerblumen. Hier kann man sie in kleinen Gruppen rhythmisch zwischen die Blumen einstreuen, so dass die seidigen Blütengrannen die Blumen weich umrahmen und umspielen. Man kultiviert die Mähnen-Gerste entweder ab März auf der Fensterbank vor oder sät sie ab Ende April direkt ins Beet.

**Hasenschwanzgras: Hingucker im Beet**
Ein sehr hübsches einjähriges Gras zur Ergänzung bunter Blumenbeete und zur Verwendung in Sträußen ist auch das Hasenschwanzgras, *Lagurus ovatus*. Da es zierlich wächst und nur 40 cm hoch wird, sollte es in kleinen Gruppen in den Vordergrund der Blumenbeete gesät oder gepflanzt werden. Es liebt vollsonnige Standorte mit durchlässigem Boden. Die weißen Blütenstände, die wie kleine flaumige Hasenschwänze aussehen, schmücken die Pflanze von Juni bis August. Auch das Hasenschwanzgras kann bereits im März auf der Fensterbank ausgesät werden. Für eine Direktaussaat ins Freiland sollte man bis Ende April/Anfang Mai warten.

**Kolbenhirse: dekorativ mit Sommerblumen**
Ein höher wachsendes einjähriges Gras mit sehr auffälligen Blütenständen ist die Kolbenhirse, *Setaria italica*. Sie erreicht eine Wuchshöhe von bis zu 100 cm und kann ab Ende April direkt ins Freiland ausgesät werden. Die dekorativen, kolbenartigen Blütenstände erscheinen von Juli bis September und hängen bogenförmig über. Die Kolbenhirse ist eine gute Ergänzung für bunte Beete aus Stauden und Sommerblumen. Als floristisches Beiwerk ist sie sowohl für frische Sommersträuße als auch für die Trockenbinderei sehr beliebt.

**Elefantengras: schnellwüchsig und robust**
Der Riese unter den einjährigen Gräsern ist zweifellos das Elefantengras, *Sorghum nigricans*. Es wird ab April direkt ins Freiland gesät und erreicht in einem Sommer eine Wuchshöhe von 150 bis 200 cm. Seine Blüten erscheinen ab August und schmücken die Pflanze bis zum Oktober. Das Elefantengras ist ausgesprochen schnellwüchsig und robust und kann daher gut als natürlich wirkender Sichtschutz verwendet werden. In gemischten Beeten im Coutry-Stil platziert man es am besten im Hintergrund.

[a] GUTE NACHBARSCHAFT Die seidigen, transparenten Blütenstände von Gräsern passen gut zu runden, üppigen Rosenblüten. Hier umspielen Mähnen-Gerste, Federgräser und Blau-Schwingel eine pinkfarbene Beetrose.

[b] PERFEKT KOMBINIERT Rote Beetrosen bilden zusammen mit einer Gruppe blühender Lampenputzergräser, silberlaubigen Stauden und hellblauem Phlox ein harmonisches Spätsommerbild.

[c] ROMANTISCH UNTERPFLANZT Rosenstämme sind der Inbegriff für romantische Gärten. Als Hofstaat kann man ihnen Stauden, Bodendeckerrosen und Gräser zu Füßen legen.

# ROMANTISCH
## *mit Rosen*

Bei romantischen Gärten denken wir an filigrane Strukturen in zarten Pastelltönen. Bei den Farben überwiegen harmonische Ton-in-Ton-Abstufungen in Weiß, Hellblau und Rosatönen. Gräser sind hier ideale Romantikpartner.

### BEGLEITER FÜR ROSEN

Der Inbegriff für romantische Gärten ist die Rose. Sie lässt sich hervorragend mit verschiedenen Stauden wie Lavendel, Schleierkraut und zarten Gehölzen wie Clematis zu duftigen Gartenbildern kombinieren. Gräser sind durch ihre filigrane Struktur ideale Romantikpartner. Zum einen bringen sie durch die schmalen, biegsamen Blätter Bewegung und Leichtigkeit in eine Pflanzung aus Rosen und Stauden. Zum anderen umspielen ihre zarten und seidigen Blüten ab Sommer die Rosen- und Staudenblüten.
Da Rosen und viele Blütenstauden sonnige Standorte bevorzugen, sollten für romantische Beete ebenfalls Gräser gewählt werden, die sich in der Sonne wohlfühlen. Ein weiterer Faktor sind die Bodenverhältnisse. Rosen bevorzugen einen nährstoffreichen, durchlässigen Boden mit ausreichender Wasserversorgung. Ein Gras, was nur auf trockenen, mageren Böden wächst, würde hier also nicht optimal gedeihen. Da Rosen genügend Raum und Licht brauchen, um sich optimal entwickeln zu können, sollten sie nicht zu sehr von Gräsern bedrängt werden. Beachten Sie also bei der Planung den Durchmesser, den die Gräser erreichen. Hohe Gräser werden im Hintergrund des Beetes platziert, niedrige kommen in den Vordergrund. Da viele Gräser eher filigran sind, wirkt es auch sehr schön, wenn sie in unregelmäßigen Abständen zwischen die Rosen gepflanzt werden, so dass die runden Rosenblüten von den zarten Gräserblättern und Blüten weich umspielt werden.

### LAMPENPUTZERGRAS: BLÜTEN ZUM SCHWÄRMEN

Schön in Kombination mit Rosen ist das Lampenputzergras, *Pennisetum*. Hier ist besonders die Sorte *Pennisetum alopecuroides* 'Hameln' sehr wertvoll und weit verbreitet. Sie erreicht eine Höhe von 60 cm und schmückt sich bereits im Juli mit einer Vielzahl ihrer flauschigen Blüten. Im Herbst verfärbt sich die ganze Pflanze in ein warmes Goldgelb. Die Struktur der Blätter und der Blüten ist so stabil, dass das Lampenputzergras auch noch in den Wintermonaten seinen Reiz hat.
*Pennisetum orientale*, eine weitere Art des Lampenputzergrases, besitzt sehr attraktive hellviolette Blüten, die sich harmonisch in das romantische Farbspektrum einfügen. Es erreicht eine Höhe von 50 cm und blüht ebenfalls reich und früh. Allerdings ist es nur in sehr milden Gebieten winterhart. Während die Sorte 'Hameln' zuverlässig frosthart ist, empfiehlt sich bei *Pennisetum orientale* ein Winterschutz aus einer dicken Laubschicht und Reisigzweigen.

**AUS ROSEN, STAUDEN SOWIE GRÄSERHALMEN UND -BLÜTEN** lassen sich mit wenig Aufwand hübsche romantische Sträuße herstellen – sei es als Tischdekoration für ein Sommerfest oder zum Verschenken.

**[a] LICHTSPIELE** Im Gegenlicht wirken Gräserblüten besonders zart und seidig. Hier leuchten die Blüten des Lampenputzergrases in der Abendsonne.

**[b] PASTELLTÖNE** Das zarte Hellblau der Kissen-Astern passt gut in romantische Gräsergärten.

**[c] VERSPIELTER BRUNNEN** Hier sind die filigranen, wie kleine Schmetterlinge wirkenden Blüten der Prachtkerze wirkungsvoll mit Chinaschilf und Reitgras kombiniert.

**[d] FILIGRANE BLÜTENWOLKEN** Das Stauden-Zittergras ist trotz seiner zarten Anmutung robust und anspruchslos. Es bevorzugt sonnige Standorte mit durchlässigem Boden und vermehrt sich leicht durch Selbstaussaat.

## IN KLEINEN GRUPPEN: STAUDEN-ZITTERGRAS

Das Stauden-Zittergras, *Briza media*, ist recht bekannt und versprüht mit seinen kleinen, herzförmigen Ähren einen zauberhaften, nostalgischen Charme. Da die Blüten an sehr dünnen Stielen sitzen, bewegen sie sich schon beim kleinsten Lufthauch, was dem Gras den bekannten Namen gegeben hat. Diese zierliche Art wächst kompakt mit nur 40 cm Höhe und sollte in kleinen Gruppen in den Vordergrund nostalgischer Beete gepflanzt werden.

## ATTRAKTIV IM HINTERGRUND: RUTENHIRSE

Auch viele Sorten der Rutenhirse lassen sich gut mit Rosen kombinieren. *Panicum virgatum* 'Heavy Metal' klingt zwar dem Namen nach nicht besonders romantisch, passt jedoch mit seinen blaugrünen Blättern gut zu weißen und rosafarbenen Rosen sowie blau blühenden Stauden. *Panicum virgatum* 'Rehbraun' hat einen wärmeren Farbton mit rotbraunen Blattspitzen und kupferroter Herbstfärbung. Beide Sorten zeigen ab Juli ihre schleierartigen Blütenrispen, welche die Rosenblüten romantisch umspielen. Sie erreichen eine Höhe von 80 bis 100 cm und sollten entweder zwischen die Rosen oder in den Beethintergrund gepflanzt werden.

## KOMBINATIONEN IN BLAU: BLAUSTRAHLHAFER

Der Blaustrahlhafer, *Helictotrichon sempervirens*, passt mit seinen stahlblauen Blättern ebenfalls gut in romantische Beete. Er bildet einen Blatthorst von etwa 50 cm Höhe und Breite. Die filigranen Blütenstände erscheinen ab Juli und ragen an langen biegsamen Halmen weit über die Blätter hinaus. Besonders wertvoll ist die Sorte 'Saphirsprudel', da ihre Blätter etwas breiter und noch intensiver gefärbt sind als die der Art.

## VIELFÄLTIG IM ZUSAMMENSPIEL: PFEIFENGRÄSER

Pfeifengräser *(Molinia)* bevorzugen einen sonnigen Standort und durchlässige Böden und lassen sich ebenfalls gut mit Rosen und Stauden zu romantischen Beeten kombinieren. *Molinia caerulea* 'Variegata' besitzt ein sehr hübsches grünes Blatt mit cremefarbenen Streifen. Diese zierliche Sorte bildet rundliche Horste von 40 bis 50 cm Höhe. Die zahlreichen zarten Blütenstände sitzen an dünnen Halmen weit über dem Laub. Die Sorte 'Moorhexe' hat eine ähnliche Wuchsform und grünes Laub. Eine Besonderheit sind ihre schwarzbraunen Blütenähren, die einen schönen Kontrast zu weißen oder hell rosafarbenen Blüten bilden. Ab Ende September zeigt 'Moorhexe' ihre leuchtend goldgelbe Herbstfärbung. Da beide Sorten kompakt wachsen, können sie auch gut in den Vordergrund von gemischten Beeten gepflanzt werden. Sehr beeindruckend ist die starkwüchsige Sorte *Molinia arundinacea* 'Windspiel'. Sie bildet Blatthorste von 70 bis 80 cm Höhe. Ab August erscheinen die zahlreichen filigranen Blütenrispen an langen, dünnen Halmen, die eine Höhe um 200 cm erreichen. Diese transparenten Blütenwolken wirken im Hintergrund romantischer Beete oder einzeln zwischen Rosen und Stauden gepflanzt besonders schön. Bereits im September zeigt 'Windspiel' seine warme, goldgelbe Herbstfärbung.

[b] **EINHEIT** Hier passt alles perfekt zusammen: der Garten zum Haus und das Haus zum Garten.

[c] **AUFRECHT** *Panicum virgatum* 'Heavy Metal' schafft Klarheit und Struktur im Beet.

[a] **GEKONNT GEMIXT** Formale und natürlich wirkende Elemente lassen sich im Garten problemlos kombinieren. So kontrastieren exakt geschnittene Formgehölze wirkungsvoll mit dem natürlichen Wuchs von Chinaschilf und Dahlien.

# FORMALE BEETE

## *Schlichte Eleganz*

Formale Gärten mit eher reduzierter Bepflanzung gewinnen in den letzten Jahren zunehmend an Beliebtheit. Mit ihrer klaren Formensprache passen sie gut zu moderner Architektur. Gräser und Bambus können ihre Stärken hier voll ausspielen.

### KLARE LINIEN

Aufgrund ihres geringen Pflegeaufwands kommen formale Gärten auch vielen Menschen entgegen, die zwar einen schönen und repräsentativen Garten genießen, aber nicht unbedingt viele Stunden mit Gartenarbeit verbringen möchten.

In formalen Gärten finden sich meist klare, geometrische Strukturen. Die Pflanzen werden also nicht, wie beim Country-Stil, möglichst natürlich und organisch kombiniert, sondern es gibt klare Linien. Diese spiegeln sich auch bei der Wegeführung und bei Elementen wie Mauern und Terrassen wider. Die Platzierung der Pflanzen sollte auch entsprechend klar erfolgen. Häufig ist es sehr wirkungsvoll, wenn dieselbe Pflanzenart wiederholt gepflanzt wird, beispielsweise drei Bambus oder drei Staudengräser in einer Reihe. Bei flächiger Pflanzung von Bodendeckern und mittelhohen Gräsern werden meist geometrische Grundformen wie Quadrate oder Rechtecke verwendet.

Bei formalen Gärten können Staudengräser und Bambus ihre Stärken voll ausspielen. Die vertikalen Strukturen, beispielsweise von Bambus-Arten wie von *Phyllostachys,* setzen einzelne Blickpunkte. Flächige Gräserpflanzungen aus einer oder wenigen Sorten unterstreichen die Klarheit und den Minimalismus moderner Gebäude. Andererseits wirken sie mit ihren biegsamen und beweglichen Blättern und Blüten niemals steif oder langweilig.

### PFLANZENAUSWAHL – WENIGER IST MEHR

Bei der Gestaltung moderner Gärten gilt: „Weniger ist mehr". So beschränkt man sich bei der Pflanzenauswahl meist auf wenige Arten, die dann in größerer Stückzahl verwendet werden. Außerdem arbeitet man hier oft mit größeren, einheitlichen Flächen. Das kann eine Rasenfläche sein, jedoch auch Kies- oder Schotterflächen können eine interessante Wirkung haben. Außerdem kann es spannend sein, große Flächen mit einer oder nur wenigen Sorten von Staudengräsern als Gestaltungselement einzusetzen. Das können entweder ganz flache Sorten sein – quasi als Rasenersatz – oder auch halbhohe Gräser, die dann mit ihren Halmen und Blüten wogende Gräsermeere bilden.

[a] STRUKTURBILDEND *Fargesia* 'Standing Stone' passt mit seiner kräftigen, aufrechten Statur gut zu formal gestalteten Gärten. Die frisch austreibenden Halme wirken durch weiße Wachsbeläge besonders auffällig und wie gestreift.

[b] SCHÖN GESTREIFT Der Japanische Pfeilbambus, *Pseudosasa japonica* 'Akebonosuji', setzt mit seinen großen, cremeweiß gestreiften Blättern Blickpunkte im Beet und in Gefäßen.

[c] PERFEKT FÜR FLÄCHEN *Carex morrowii* 'Icedance' besitzt nicht nur dekoratives, immergrünes Laub, sondern ist auch ein robuster, vitaler Bodendecker, der mit jedem Standort zurechtkommt. Sehr empfehlenswert.

**Phyllostachys für jeden Gartenplatz**
Ein idealer Partner moderner Architektur sind alle Bambuspflanzen wie *Phyllostachys*-Arten und -Sorten. Mit Wuchshöhen zwischen 300 cm und 10 m gibt es für jeden Gartenplatz die passende Sorte. *Phyllostachys* wächst sowohl in der Sonne als auch im Halbschatten problemlos und kommt mit jedem normalen Gartenboden zurecht. Das einzige, was er nicht verträgt, sind sehr schwere, verdichtete Böden und Staunässe. *Phyllostachys* kann entweder als Solitär oder in kleinen Gruppen spannende Akzente setzen. Außerdem bietet er, als Hecke gepflanzt, einen exzellenten Sichtschutz, der die Ausstrahlung moderner Architektur besser unterstreicht als beispielsweise eine Thujahecke oder ein Lamellenzaun. Da alle *Phyllostachys*-Arten und -Sorten Ausläufer bilden, ist es empfehlenswert, direkt bei der Pflanzung eine Rhizomsperre einzubauen, siehe Seite 136 f. Beim Setzen einer Hecke umschließt man am besten die Grundfläche der gesamten Hecke mit einer Rhizomsperre, so dass die Triebe sich innerhalb der Absperrung ungehindert und dicht ausbreiten können.

**Fargesien: ganz ohne Ausbreitungsdrang**
Doch nicht nur *Phyllostachys* passt gut zu moderner Architektur – auch viele Sorten der Bambusgattung *Fargesia* sind hervorragende Gestaltungselemente moderner Gärten. Diese wachsen mit 250 bis 400 cm Endhöhe deutlich gemäßigter. Zudem sind sie horstbildend, was bedeutet, dass die neuen Triebe immer ganz dicht bei der Pflanze erscheinen und keine Ausläufer gebildet werden. Daher gilt für alle *Fargesia*-Arten und -Sorten, dass sie ohne Rhizomsperren gepflanzt werden können. Alle Fargesien bevorzugen sonnige bis halbschattige Standorte und kommen mit jedem durchlässigen Gartenboden zurecht. Genau wie *Phyllostachys* vertragen sie jedoch keine Staunässe. Sie können einzeln oder in kleinen Gruppen oder Reihen gepflanzt werden. Auch als dichte und immergrüne Sichtschutzhecke sind Bambus aus der Gattung *Fargesia* gut geeignet.

**Seggen: unkomplizierte Allroundtalente**
Eine gute Eignung zur Bepflanzung größerer Flächen im Halbschatten und Schatten besitzen alle Seggen-Arten *(Carex)*. Sie sind unkompliziert und robust und machen innerhalb kurzer Zeiträume die Fläche dicht. Das hat den Vorteil, dass auch wenig Fremdbewuchs zwischen den Gräsern hervorkommen kann, so dass solche Flächen relativ pflegeleicht sind. Zudem behalten die bodendeckenden *Carex*-Arten (siehe auch Seite 29) auch im Winter ihr Laub und bilden so ganzjährig eine grüne Fläche.

**Rutenhirse: bestechendes Blatt**
Auch die aufrechten Gräserhorste der Rutenhirse, *Panicum*, passen gut zu moderner Architektur. Hier gibt es eine große Auswahl attraktiver Sorten, die eine Wuchshöhe von 100 bis150 cm erreichen. Neben ihrem aufrechten Wuchs und den schleierartigen Blütenrispen bestechen sie durch ihre leuchtende Herbstfärbung. Durch unterschiedliche Laubfarben lassen sich mit der Rutenhirse auch im Sommer spannende Farbakzente setzen. Die Sorte 'Heavy Metal' besitzt ein metallisch schimmerndes, blaugrünes Blatt, während die Purpur-Rutenhirse, *Panicum virgatum* 'Shenandoah', eine leuchtend weinrote Laubfärbung zeigt.

**REITGRAS** **Mit ihrem straffen, vertikalen Wuchs lassen sich alle Sorten des Reitgrases, *Calamagrostis*, hervorragend als Gestaltungselement moderner Gärten verwenden.**

[a] NATURGEMÄLDE Die Reduktion auf das Wesentliche strahlt eine große Ruhe aus. Neben Wasser und Stein ist die Struktur weniger Pflanzen als prägendes Element zu finden. Im Hintergrund ein Hain aus *Phyllostachys*.

[b] GRÜNES KISSEN Mit dem Bärenfell-Schwingel lassen sich gleichmäßige, grüne Flächen gestalten.

[c] MEDITATIONSGARTEN Hier schaffen Fächer-Ahorn und *Phyllostachys* den pflanzlichen Rahmen.

# ASIATISCHE GÄRTEN

## *Ein Hauch Fernost*

In unserer lauten und reizüberfluteten Welt können Gärten im asiatischen Stil Orte des Rückzugs und der Besinnung sein. Sie laden zum Schwiegen und zur stillen Betrachtung ein.

### REDUKTION AUF DAS WESENTLICHE

Asiatische Gärten zeichnen sich durch ihre Reduktion auf wenige ausgewählte Gestaltungselemente aus. Diese bestehen aus Felsen, Steinen und Kies sowie Wasser und Pflanzen. Asiatische Gärten sollen Oasen der Ruhe und der Schönheit sein, die den Menschen zum stillen Verweilen und Betrachten einladen. Vorbild sind hier Naturlandschaften mit Felsen, Wäldern und Wasser, die im Garten symbolisch nachgebildet werden.
Pflanzen kommen hierbei einerseits als auffällige Blickpunke zum Einsatz, andererseits als flächige Gestaltungselemente. Bei den Solitärpflanzen (Pflanzen in Einzelstellung) spielen Bonsaiformen eine große Rolle, die, vollendet geschnitten, eine große Schönheit und Harmonie ausstrahlen. Hier werden vor allem Kiefern und Eiben verwendet, die mit ihrem langsamen Wachstum und den immergrünen Nadeln Beständigkeit ausstrahlen.

### BIEGSAMER BAMBUS

Der Bambus mit seinen biegsamen Halmen und seinem raschelnden Laub steht hingegen für Flexibilität und Lebendigkeit. Daher sollte er in keinem asiatischen Garten fehlen. *Phyllostachys*-Arten werden mit 300 cm bis 10 m Endhöhe relativ hoch. Sie bestechen durch ihre dicken, bei vielen Sorten farbigen Halme. Da sie Ausläufer bilden, benötigen sie eine Rhizomsperre.

Die Arten und Sorten von *Fargesia* sind hingegen horstbildend und mit Wuchshöhen von 200 bis 400 cm deutlich zahmer im Wuchs. Hier gibt es eine Vielzahl von Züchtungen, die sich vor allem in der Wuchshöhe und -form, der Belaubung und der Halmdicke unterscheiden. Sehr zierlich sind die Sorten 'Asian Wonder' und 'Jiuzhaigou' mit kleinen Blättern und feinen Halmen. Deutlich höher und kräftiger wachsen *Fargesia murielae* 'Standing Stone', *Fargesia robusta* 'Campbell' und *Fargesia* 'Great Wall', die Wuchshöhen um 400 cm erreichen.

### FLÄCHIGE GRÄSERPFLANZUNGEN

Zur flächigen Gestaltung halbschattiger und schattiger Partien in asiatischen Gärten sind alle Seggen *(Carex)* hervorragend geeignet. Da sie immergrün sind und es viele Sorten mit panaschierten Blättern gibt, setzen sie auch im Winter farbige Akzente. Auch bodendeckende Bambus-Arten wie *Pleioblastus* passen gut in die zurückhaltende Gestaltung von Asiagärten.
Mit seiner eleganten, überhängenden Wuchsform bildet das Japanische Berggras, *Hakonechloa macra*, mit Steinen und Felsen harmonische Kombinationen an geschützten, halbschattigen Plätzen. Während die Art grünlaubig ist, besitzen die Züchtungen 'Aureola', 'Albostriata' und 'Naomi' dekorative panaschierte Blätter.

**ZARTE DEKORATIONEN** **Neben flächig gepflanzten Gräsern erzeugen kleinere und größere Kiesflächen Ruhe und verbinden die einzelnen Gestaltungselemente. Weitere typische Gestaltungselemente asiatischer Gärten sind Steinlaternen und Buddhafiguren. Außerdem werden oft Elemente aus Holz, wie kleine Brücken und Gartenpavillons, verwendet.**

FÜR JEDEN STANDORT

# BODENDECKER

*Gräser begeistern durch ihre Vielfalt. Neben wahren Giganten mit über 300 cm Wuchshöhe gibt es auch eine große Auswahl an flach wachsenden, bodendeckenden Sorten. Nahezu für jeden Standort gibt es ein passendes Staudengras.*

[a] **BLAU** *Festuca* bietet viele stahlblaue und blaugraue Farbnuancen. Er gedeiht an sonnigen Standorten auf durchlässigen Böden.

[b] **GRÜN** Der Bärenfell-Schwingel überzieht den Boden mit einem dichten, frisch-grünen Teppich. Hier liegt er einem blühenden Lampenputzergras zu Füßen.

[c] **KONTRAST** Das Japanische Berggras, *Hakonechloa macra* 'Aureola', kontrastiert sehr wirkungsvoll zu dem schwarzroten Laub des Schlangenbartes *(Ophiopogon)*.

# VIELFALT AM BODEN

## *Von weißbunt bis stahlblau*

Auch schwierige Gartensituationen wie magere, trockene Böden in voller Sonne oder sumpfige Bereiche im tiefen Schatten können erfolgreich mit den passenden Gräserarten und -sorten bepflanzt werden.

Entscheidend dabei ist die richtige Auswahl. Hier ist es sinnvoll, im Vorfeld gründlich zu planen. Die passende Auswahl sichert das gute Gedeihen der Pflanzen und erspart dem Gärtner eine Menge Arbeit.

### WARUM BODENDECKER

Bodendecker bilden im Laufe der Jahre dichte, grüne Teppiche und wachsen vorhandene Flächen komplett zu. Das hat zum einem gestalterische Aspekte, da sich mit flächiger Bepflanzung sehr schöne Gartenbilder verwirklichen lassen. Zum anderen sind dicht bewachsene Flächen in Gärten auch viel pflegeleichter als offene Bereiche, die immer wieder „entkrautet" werden müssen. Farbe, Form und Struktur sollten mit den umgebenden Gehölzen abgestimmt werden, so dass ein harmonisches Gesamtbild entsteht. Interessant wirkt es, wenn blühende Stauden mit Farnen, Zwiebelblumen und Gräsern kombiniert werden, so dass eine abwechslungsreiche Fläche entsteht. In anderen Fällen können auch größere Flächen aus einer einzigen Sorte durchaus ein wirkungsvolles Gestaltungselement darstellen.

### GRASIGE TEPPICHE

Gräser bieten für flächige Bepflanzungen durch ihre spezielle Blattform viel Struktur. Zudem gibt es viele Gräser mit spezieller Blattfärbung. Hier kommen beispielsweise stahlblaue oder blaugraue sowie gelb oder weiß panaschierte Blätter ins Spiel. Außerdem gibt es eine große Auswahl an immergrünen Gräsern. Wenn viele Stauden und Zwiebelblumen ihr Laub bereits eingezogen haben, bringen Gräser wie *Carex* oder *Festuca* auch im tiefen Winter frische Farben in die Beete. Selbst die sommergrünen Sorten machen mit ihrer Verfärbung der Halme und Blätter in Gelb- und Ockertönen sowie ihrer Standfestigkeit auch noch im Winter eine gute Figur. Nicht zuletzt sind die meisten bodendeckenden Staudengräser extrem robust, pflegeleicht und vital.

**IMAGEPROBLEM** **Bodendecker sind etwas in Verruf geraten, nachdem in den 1970ger-Jahren überall *Cotoneaster* großflächig gepflanzt wurde. Glücklicherweise haben Gräser mit ihren schmalen, biegsamen Blättern und filigranen Blüten eine viel leichtere und natürlichere Ausstrahlung. Gleichzeitig sind sie sehr vital und pflegeleicht.**

[a] FILIGRANE BLÜTEN Blau-Schwingelgräser schmücken sich im Sommer mit zahlreichen Blütenständen, die an aufrechten Halmen über den dichten Polstern schweben.

[b] FARBKONTRAST Das warme Orange der Schafgarben kontrastiert wirkungsvoll mit dem kühlen Blaugrau des Blau-Schwingels.

[c] KÜHLER HINGUCKER *Festuca ovina* 'Eisvogel' zeigt ein klares, leuchtendes Silberblau. Mit diesem ungewöhnlichen Farbton lassen sich vielfältige Effekte erzielen. Hier ein spannender Farbkontrast zu den roten Blattspitzen des Blutgrases.

# FÜR SONNIGE BEETE

## *Bodendeckend und polsterbildend*

Ideale Bodendecker für sonnige Standorte sind die Arten und Sorten des Schwingels, *Festuca*. Sie lieben trockene, heiße Standorte mit durchlässigen, nährstoffarmen Böden.

Diese Bodenansprüche sollten unbedingt beachtet werden, da die Schwingel-Sorten auf zu feuchten oder zu nährstoffreichen Böden schnell braun und unansehnlich werden.

### BÄRENFELL-SCHWINGEL: FRISCH-GRÜN AUCH IM WINTER

Sehr bekannt ist der Bärenfell-Schwingel, *Festuca scoparia* (Synonym *Festuca gautieri*). Er bildet dichte, kompakte Polster und behält auch im Winter seine schöne, frisch-grüne Farbe. Bärenfell-Schwingel fühlen sich sowohl in voller Sonne als auch noch im lichten Halbschatten wohl. Wichtig ist der magere, durchlässige Boden. Die wertvollste Sorte ist 'Pic Carlit', da sie besonders kompakt wächst und sehr vital ist.

### BLAU-SCHWINGEL: LEUCHTEND BLAUE BLÄTTER

Die Sorten des Blau-Schwingels sind sehr beliebt und begeistern uns durch ihre leuchtend stahlblauen, nadelfeinen Blätter. Da sie immergrün sind, wirken sie auch im Winter sehr dekorativ. Die am intensivsten gefärbte Sorte ist *Festuca cinerea* 'Elijah Blue'. Sie ist sehr wüchsig und langlebig und bildet dichte Polster von etwa 15 cm Höhe. Von Mai bis Juli erscheinen zudem die gelblich-braunen Blütenhalme. Die Sorte *Festuca ovina* 'Eisvogel' wächst etwas lockerer und besitzt eine sehr schöne, silberblaue Farbe. Die Blau-Schwingel-Sorte mit dem kompaktesten Wuchs ist *Festuca cinerea* 'Zwergenkönig'. Sie bildet dichte, stahlblaue Polster von nur 10 cm Höhe und etwa 20 cm Durchmesser. Aufgrund ihres schwachen Wuchses ist sie nicht als großflächiger Bodendecker geeignet. Sehr dekorativ wirkt diese Zwergsorte in Steingärten oder gemeinsam mit kleinwüchsigen Stauden und Zwiebelblumen in Pflanzschalen oder Trögen.
*Festuca cinerea* 'Silbersee' wird mit 12 bis 15 cm etwas höher. Sie bildet dichte, silbrig-blaue Polster und bietet ähnliche Verwendungsmöglichkeiten wie 'Zwergenkönig'.

### REGENBOGEN-SCHWINGEL: TOLLE FARBENSPIELE

Schließlich ist noch der Regenbogen-Schwingel, *Festuca amethystin,* für eine flächige Pflanzung sehr empfehlenswert. Er bildet kompakte, blaugrüne Gräserhorste und schmückt sich im Sommer mit violetten Blütenrispen. Nach der Blüte verfärben sich die Polster kupferfarben bis rötlich, so dass diese Sorte ein interessantes Farbspiel bietet.

**BLAU UND BREITBLÄTTRIG** Das Blaue Schillergras, *Koeleria glauca*, besitzt etwas breitere Blätter als der Blau-Schwingel. Es bildet dichte, blaugrüne Polster und bevorzugt nährstoffarme, sandige Standorte in voller Sonne. Die hübschen, kleinen Blütenähren schmücken das Schillergras von Juni bis August.

[a] NATÜRLICHE AUSSTRAHLUNG *Carex morrowii* 'Variegata' bildet dichte Gräserteppiche. Schön in Kombination mit Farnen.

[b] LEUCHTENDE FARBWIRKUNG Die Japan-Gold-Segge sorgt mit ihren auffällig gestreiften Blättern für schöne Farbakzente. Ein echtes Highlight – auch für halbschattige und schattige Gartenbereiche.

[a]

[c]

[b]

[c] ELEGANTES BLATT Bei den Seggen gibt es etliche gestreifte Züchtungen, die sich vielseitig gestalterisch einsetzen lassen.

# ROBUSTE GRÄSERTEPPICHE
## *für Halbschatten und Schatten*

Für halbschattige und schattige Gartenbereiche bieten die Seggen vielfältige Gestaltungsmöglichkeiten. Die meisten Vertreter dieser Gattung sind unglaublich wüchsig, robust und vital.

Die Seggen *(Carex)* kommen auch noch mit den schwierigsten Standortbedingungen zurecht. Zudem sind sie immergrün, so dass sie auch in den Wintermonaten Farbakzente setzen können. Bei den Seggen gibt es viele Züchtungen mit weißbunten oder gelbbunten Blättern. Diese können wirkungsvoll zur Aufhellung dunkler, schattiger Gartenpartien eingesetzt werden.

### JAPAN-GOLD-SEGGE: EIN TOLLER ALLROUNDER

Sehr empfehlenswert ist die Japan-Gold-Segge, *Carex oshimensis* 'Evergold', die seit einigen Jahren häufig im Handel angeboten wird. Sie besitzt attraktive frisch-grüne Blätter mit einem breiten, gelben Längsstreifen in der Mitte. Die Blätter sind immergrün und hängen weich bogig über. 'Evergold' bildet dichte, kleine Horste von etwa 20 cm Höhe und 30 cm Durchmesser. Neben seinen optischen Vorzügen ist dieses Gras auch noch anspruchslos, wüchsig und vital. Es kommt auch mit mageren, trockenen Böden zurecht und gedeiht selbst in sehr schattigen Bereichen unter Laubhecken oder Bäumen. Andererseits verträgt 'Evergold' aber auch direkte Sonne – also ein echter Allrounder.

### VOGELFUSS-SEGGE: ZART AM BODEN

Ähnlich in der Optik, doch insgesamt etwas zarter, ist die Weißbunte Vogelfuß-Segge, *Carex ornithopoda* 'Variegata'. Sie bildet kleine Horste von etwa 15 cm Höhe und bevorzugt geschützte halbschattige bis schattige Gartenplätze.

### JAPAN-SEGGEN: GROSSE VIELFALT

Ein wertvoller und nahezu unverwüstlicher Bodendecker für halbschattige und schattige Bereiche ist die Teppich-Japan-Segge, *Carex morrowii* var. *foliosissima*. Von dieser Art gibt es viele wertvolle Züchtungen mit weißen oder gelben Längsstreifen. Allen Sorten ist gemeinsam, dass sie extrem wüchsig sind und mittels kurzer Ausläufer dichte, flächige Bestände bilden. Ihre Wuchshöhe liegt bei 30 bis 40 cm. Zwar bevorzugen sie lockere, humusreiche Böden, sind aber so anpassungsfähig, dass sie auch mit schlechteren Bodenverhältnissen noch problemlos zurechtkommen. Zudem sind sie zuverlässig winterhart und pflegeleicht. Die Wildart, *Carex morrowii*, besitzt glänzende, grüne Blätter und wird etwa 30 cm hoch. Seit vielen Jahren weit verbreitet ist die Sorte *Carex morrowii* 'Variegata' mit schmalen, cremeweißen Randstreifen. Eine Verbesserung dieses Klassikers ist die Sorte 'Aureovariegata' mit breiten, gelben Randstreifen, so dass sie insgesamt noch heller und leuchtender wirkt.
Zwei neuere, wertvolle Sorten von *Carex morrowii* finden in den letzten Jahren zunehmend Verbreitung. *Carex morrowii* var. *foliosissima* 'Icedance' bietet mit ihren breiten, cremeweißen Randstreifen eine sehr gute Farbwirkung. Sie wird etwa 40 cm hoch und bildet innerhalb kurzer Zeit dichte, flächige Bestände. Bei *Carex morrowii* 'Silver Sceptre' ist der kompakte Wuchs das Besondere – die dekorativen Horste mit den bogig überhängenden, weißgrünen Blättern werden nur 15 bis 20 cm hoch. Also ein sehr attraktiver, wüchsiger Bodendecker auch für kleine Flächen.

**[a] SCHÖNE FORM** Die Erd-Segge, *Carex humilis*, besticht durch ihren kompakten, gleichmäßigen Wuchs. Mit 10 bis 15 cm Wuchshöhe bleibt sie niedrig und bildet schöne runde Blatthorste von etwa 40 cm Durchmesser. Obwohl sie sonnige Standorte bevorzugt, gedeiht die Erd-Segge auch noch im Halbschatten gut. Zudem ist sie robust, trockenheitsverträglich und extrem frosthart.

**[b] SCHÖNES FÜR DEN SCHATTEN** Die Schnee-Marbel lässt sich gut mit Farnen und Funkien kombinieren. Sie ist anspruchslos und gedeiht problemlos in halbschattigen und schattigen Gartenteilen.

## BREITBLATT-SEGGE: FARBTUPFER IM WINTER

Ein weiterer wertvoller Bodendecker für halbschattige und schattige Gartenplätze ist die Breitblatt-Segge, *Carex plantaginea*. Ihre immergrünen, auffällig breiten Blätter bilden auch im Winter schöne, grüne Farbtupfer. Mit 20 cm Wuchshöhe bleibt die Breitblatt-Segge sehr kompakt. Sie ist robust und wüchsig und gedeiht auch noch auf schlechteren Böden. Das einzige, was sie nicht verträgt, ist zu viel Sonne – dann verlieren die Blätter ihre frischgrüne Farbe und vergilben.

## PILZKOPF-SEGGE: BUSCHIG ÜBERHÄNGEND

Aus der großen Gruppe der Seggen ist schließlich ist auch die Pilzkopf-Segge, *Carex caryophyllea* 'The Beatles', ein hübscher und wüchsiger Bodendecker. Sie bildet dichte, buschige Blatthorste aus locker überhängenden, grünen Blättern und erreicht etwa 25 cm Höhe.

## HEIMISCHE WILDGRÄSER MIT CHARME

Die Schnee-Marbel, *Luzula nivea*, ist ein heimisches, immergrünes Staudengras. Es gedeiht an halbschattigen und schattigen Gartenplätzen und bildet dichte, etwa 25 cm hohe Bestände. Im Frühsommer erscheinen die auffälligen, weißen Blütenstände, die diesem Gras einen besonderen Reiz verleihen. Ansonsten ist es anspruchslos, winterhart und sehr robust.
Ein weiteres heimisches Wildgras, das sich sehr gut als Bodendecker verwenden lässt, ist die Wald-Marbel, *Luzula sylvatica*. Diese anspruchslose Art gedeiht auch noch im tiefsten Schatten und verträgt sogar den Wurzeldruck alter Bäume und Sträucher. Eine Zuchtsorte dieser Art ist *Luzula sylvatica* 'Marginata'. Sie wächst insgesamt etwas schwächer und schmückt ihre Blätter mit cremegelben Längsstreifen. *Luzula sylvatica* 'Tauernpass', eine weitere Sorte der Wald-Marbel, zeichnet sich schließlich durch ein besonders breites, grünes Blatt und ihren kompakten Wuchs aus.
Alle Marbel-Arten sind sehr robust und wüchsig, mögen jedoch keine direkte Wintersonne.

**VERJÜNGUNGSKUR** Normalerweise werden immergrüne Gräser im Frühjahr nicht zurückgeschnitten, sondern lediglich ausgeputzt. Sind nach besonders strengen Wintern größere Blattschäden entstanden, kann der gesamte Bestand Ende März/Anfang April problemlos kurz über dem Boden abgeschnitten werden. Die Gräser regenerieren sich rasch und bilden innerhalb weniger Wochen wieder frisch-grüne Teppiche.

**[a] FARBENDREIKLANG** Mit den grüngelben Horsten des Japan-Goldbandgrases, dem bordeauxroten Laub des Purpurglöckchens und den leuchtenden, hellblauen Blütensternen der Polster-Glockenblumen lassen sich farblich abgestimmte, flächige Bepflanzungen gestalten.

**[b] FRÜHLINGSFARBENSPIELE** Langstielige Tulpen in Rosarot und Schwarzrot ragen aus einem Meer an Blau-Schwingelgräsern hervor. Wenn die Tulpen verblühen, werden die lilafarbenen Blütenkugeln des Zierlauchs *(Allium)* den Blütenreigen weiterführen.

# GESTALTEN UND PFLANZEN *am Boden*

Bodendeckende Gräser bieten eine Vielzahl von Gestaltungsmöglichkeiten. Insbesondere die immergrünen Arten und Sorten sind perfekt dazu geeignet, kleine und größere Flächen dauerhaft zu begrünen.

Mit unterschiedlichen Wuchshöhen und verschiedenen Blattformen und -farben lässt sich für jeden Gartenbereich die passende Sorte an Bodendeckern finden – egal, ob Sie sonnige oder schattige Beetpartien bepflanzen möchten.

## BODENVORBEREITUNG

Achten Sie bei der Bodenvorbereitung darauf, Wurzelunkräuter wie Giersch oder Quecke möglichst vollständig zu entfernen. Bilden die Staudengräser dann erst einmal einen dichten Bestand, haben unerwünschte Wildkräuter wenig Chancen, sich dazwischen zu etablieren.

## PFLANZABSTÄNDE

Für den optimalen Pflanzabstand ist es sinnvoll, den Durchmesser, den das Gras nach zwei bis drei Jahren haben wird, zugrunde zu legen. Häufig werden Neupflanzungen mit Stauden und Staudengräsern zu dicht gesetzt. Das mag im ersten Jahr dann erst einmal gut und üppig aussehen. Später behindern sich die Pflanzen aber gegenseitig im Wachstum und es kommt schnell zu braunen Stellen. Außerdem ist es nicht sinnvoll, mehr Geld für den Staudenkauf zur Bepflanzung einer Fläche auszugeben als notwendig. Achten Sie also bei der Planung nicht nur auf die Wuchshöhe, sondern auch auf die zu erwartende Breite der einzelnen Arten und Sorten.

Bei sehr kompakt wachsenden, polsterbildenden Gräsern wie dem Bärenfell-Schwingel (*Festuca scoparia* 'Pic Carlit'), geht man beispielsweise von 16 Pflanzen pro m² aus. Diese Sorte erreicht einen Durchmesser von etwa 25 cm, so dass mit 4 x 4 Pflanzen der Quadratmeter dicht wird. Achten Sie bei der Pflanzung darauf, die Gräser jeweils versetzt („auf Lücke") zu platzieren, damit die Fläche gleichmäßig ausgenutzt wird und jede Pflanze genügend Freiraum zur optimalen Entwicklung hat. Bei Gräserhorsten mit 35 cm Durchmesser benötigen Sie entsprechend acht bis neun Pflanzen pro m². Bei stark und schnell wachsenden Gräsern wie den Japan-Seggen (*Carex morrowii* und Sorten), die Durchmesser von 40 bis 45 cm erreichen, kommt man entsprechend mit fünf bis sechs Pflanzen pro m² aus.

Achten Sie bei sehr wüchsigen Arten und Sorten darauf, dass benachbarte Stauden und Kleingehölze nicht im Laufe der Zeit überwuchert werden. Hier kann es immer mal wieder sinnvoll sein, die eine oder andere Sorte durch Abstechen mit dem Spaten etwas im Zaum zu halten oder auch an einen anderen Gartenplatz umzusetzen, wo die starke Ausbreitung erwünscht ist.

**[a] KÜHL WIE WASSER** Dieses farblich vollendete, flächige Beet wurde aus Blau-Schwingel und Schlangenbart komponiert. Der Blau-Schwingel spiegelt perfekt die Farbe des Wasserfläche wider.

**[b] FLÄCHIGE GESTALTUNG** Die Reduktion auf wenige Farben in größeren Flächen strahlt Ruhe und Harmonie aus. Hier Bärenfell-Schwingel mit Naturstein und rundblättriger Glockenblume.

## GRUPPEN IM BEET

Falls keine großen Flächen für bodendeckende Gräser zur Verfügung stehen, können Sie auch einfach kleine Gruppen von drei bis fünf Pflanzen setzen. Auch kann es wirkungsvoll sein, Gräser wie *Festuca* oder *Carex* einzeln verteilt über ein Beet zu setzen, so dass sich die Sorte in unregelmäßigen Abständen wiederholt. Am natürlichsten wirkt hier eine versetzte Pflanzung über die Tiefe des Beetes, also nicht in „Reih und Glied". Auch sollte es bei bodendeckenden Gräsern vermieden werden, nur ein einziges Exemplar von jeder Sorte zu pflanzen. Dann ist es besser, sich auf eine oder wenige Sorten zu beschränken und diese in der Pflanzung zu wiederholen.
Sehr attraktiv wirken Gartenpartien, die aus einer flächigen Pflanzung von Gräsern, bodendeckenden Stauden, höheren Stauden, Farnen und Zwiebelblumen kombiniert werden.

## KOMBINATIONEN FÜR JEDEN STANDORT

Für halbschattige und schattige Gartenpartien bieten sich neben *Carex* und *Luzula* beispielsweise Storchschnabel, Bergenien, Christrosen, Herbst-Anemonen und Astilben an. Dazwischen setzen die auffälligen silberfarbenen Blätter des Kaukasus-Vergissmeinnicht, *Brunnera macrophylla* 'Jack Frost', kleine Highlights. Sie bilden mit ihrer großflächigen, runden Form einen wirkungsvollen Kontrast zu den schmalen, spitzen Gräserblättern. Ergänzt wird diese Kombination aus blühenden Stauden und Gräsern durch wintergrüne und sommergrüne Farne.
In sonnigen, eher trockenen Bereichen lassen sich die verschiedenen Schwingel-Sorten hervorragend mit polsterbildenden Steingartenstauden wie Blaukissen, Glockenblumen, Schleifenblumen und Sonnenröschen kombinieren. Ergänzt wird diese Pflanzung mit klein bleibenden Zwiebelblumen, die sich an vollsonnigen, eher trockenen Standorten besonders wohlfühlen. Hier wirken botanische Krokusse, Wildtulpen, Zwerg-Iris, Blausternchen und Puschkinien sehr hübsch.

**FARNE** **Eine Idealbesetzung für schattige Gartenpartien sind Farne. Man unterscheidet zwischen sommergrünen und immergrünen Arten. Ein bekannter immergrüner Vertreter ist der Hirschzungenfarn, *Asplenium scolopendrium*. Sehr schöne, fein gefiederte Wedel besitzt *Polystichum setiferum* 'Herrenhausen', eine Sorte des Schildfarns.**

**[a] GLEICHMÄSSIG GRÜN** Der Zwergbambus, *Pleioblastus pygmaeus*, bildet dichte, kompakte Bestände. Da er einen starken Ausbreitungsdrang hat, empfiehlt sich der Einbau einer Rhizomsperre.

**[b] AUFHELLEND** *Pleioblastus variegatus* besitzt sehr schönes, grünweißes Laub. Als optischer Aufheller für halbschattige Bereiche sehr empfehlenswert.

**[c] MEDITATIV** In Kombination mit Kies und Steinen lassen sich mit Zwergbambus ruhige und harmonische Bereiche gestalten. Das frische Grün der Blätter belebt den Garten auch im Winter.

# ZWERGBAMBUS

## *Ideal am Boden*

Bei Bambus denkt man zuerst an die hohen Sorten von *Phyllostachys* und *Fargesia*, die mit ihrer markanten Gestalt sofort ins Auge fallen. Es gibt jedoch auch kompakt wachsende Arten, die hervorragend zur Flächenbegrünung geeignet sind.

### WAS ZWERGBAMBUS BRAUCHT

Zwergbambus gedeiht am besten an halbschattigen bis schattigen Gartenplätzen. Auch sonnige Standorte sind grundsätzlich möglich. Bei starker Einstrahlung von Wintersonne an klaren Frosttagen kann es jedoch zum Vergilben der Blätter kommen. Hier empfiehlt sich eine Abdeckung mit Tannen- oder Fichtenreisig.
Alle Sorten haben einen starken Ausbreitungsdrang und vermehren sich über Ausläufer. Um ihrem ungezügelten Wachstum Grenzen zu setzen, kann es – insbesondere auf kleineren Flächen – sinnvoll sein, gleich bei der Pflanzung eine Rhizomsperre einzugraben (siehe Seite 136 f.).
Zwergbambus ist sehr wüchsig und robust und gedeiht in jedem normalen, durchlässigen Gartenboden. Die Blätter sind immergrün, so dass mit Bambus bewachsene Flächen auch im Winter attraktiv und lebendig wirken. Alle hier genannten Sorten sind bis mindestens – 20 °C zuverlässig frosthart. Sollten in sehr kalten Wintern doch einmal Blattschäden auftreten, werden die kompletten Flächen im März einfach auf eine Trieblänge von 10 bis 20 cm über dem Erdboden zurückgeschnitten. Die Bambuspflanzen regenerieren sich sehr schnell – innerhalb weniger Wochen haben sie neu ausgetrieben und sind wieder frisch-grün.

**Pleioblastus: frisch-grün bis bunt**
Eine der niedrigsten Zwergbambus-Sorten ist *Pleioblastus pygmaeus*. Je nach Standort und Boden wird er nur 20 bis 40 cm hoch. Die sehr dicht stehenden Blätter sind frisch-grün und werden 4 bis 6 cm lang.
Ebenfalls frisch-grüne, dichte Bestände bildet *Pleioblastus pumilus*. Er besitzt größeres Laub von 7 bis 15 cm Länge und wird mit 50 bis 80 cm etwa doppelt so hoch wie *Pleioblastus pygmaeus*.
Zudem gibt es auch beim Zwergbambus-Arten mit buntem Laub. *Pleioblastus fortunei* wirkt durch seine großen Blätter mit unterschiedlich breiten, weißen Längsstreifen sehr attraktiv. Er bildet dichte, flächige Bestände mit einer Höhe von 40 bis 70 cm und ist besonders zur Aufhellung dunkler Gartenpartien gut geeignet.
*Pleioblastus variegatus* besitzt ebenfalls grünweißes Laub und bleibt mit bis zu 40 cm Wuchshöhe noch kompakter.

**Mäusedorn-Bambus: glänzende Ausstrahlung**
Sehr dekorativ ist schließlich der Mäusedorn-Bambus, *Shibataea kumasas*, mit seinen breiten, glänzend grünen Blättern. Er erreicht eine Höhe von 60 bis 100 cm und bildet nur kurze Ausläufer, neigt also nicht zum Wuchern. Daher ist eine Rhizomsperre bei dieser Art nicht notwendig.

FASZINIERENDE GRÄSERWELTEN

# FARBENSPIELE

*Neben der Struktur spielt bei der Gestaltung von Gärten immer die Farbe eine entscheidende Rolle. Mit ihren auffälligen Blatthorsten in weißbunten bis bordeauxroten Schattierungen lassen sich mit Gräsern und Bambus im Garten spannende Akzente setzen.*

**[a] DIE MISCHUNG MACHT'S** In Kombination mit Stauden sind Gräser unschlagbar. Hier eine gelungene Mischung aus den mächtigen Horsten des Chinaschilfs und des Riesen-Pfeifengrases mit den dichten Polstern des Blau-Schwingels. Zusammen mit Herbst-Astern und Greiskraut entsteht ein harmonisches und stimmungsvolles Gartenbeet.

**[b] STRUKTUR UND FARBE** Mit Gräsern und Stauden lassen sich anspruchsvolle Gestaltungen verwirklichen. Perfekt sind hier Höhenstaffelung und Farbabstufung: im Vordergrund Wollziest und niedrige Pfeifengräser. Dahinter wird Chinaschilf überragt von den hohen Blütendolden des Wasserdosts *(Eupatorium)*.

# WIRKUNG MIT FARBE *und Form*

Farbe zeigt Wirkung. Genau wie bei der Inneneinrichtung lassen sich auch im Garten mit verschiedenen Farben sehr unterschiedliche Wirkungen erzielen.

So sind beispielsweise Blau-, Blaugrau- und Silbertöne eher kühl und schaffen eine optische Weite, während sich Rot und Orange mit ihrer warmen, leuchtenden Ausstrahlung mehr in den Vordergrund drängen.

## FORM DER BLÄTTER

Gräser zeichnen sich erst einmal durch die besondere Form ihrer Blätter aus. Diese ist oft lang, schmal und spitz, also deutlich anders als die der meisten Stauden. Häufig hängen die Blätter leicht bogenförmig über und sind sehr biegsam und beweglich, was diesen Gräsern eine leichte und elegante Erscheinung verleiht. Andere wiederum wachsen straff aufrecht und bilden sozusagen Gräsersäulen. Die Halme mit den Gräserblüten erheben sich ab Sommer meist weit über die Horste hinaus. Mit ihrer zarten, seidigen Beschaffenheit unterstreichen sie die elegante Erscheinung. Gräser lassen sich aufgrund ihrer besonderen Struktur vielseitig in der Gartengestaltung einsetzen und sind eine hervorragende Ergänzung zu Gehölzen, Stauden, Rosen und Zwiebelblumen. Oft bewegen sich die Halme und Blätter schon beim leisesten Windhauch, so dass Gräserpflanzungen auch immer eine große Lebendigkeit ausstrahlen. Somit sind sie auch geeignet, manchmal etwas steif wirkende Gehölzpflanzungen aufzulockern und zu beleben.

## FARBENSPEKTRUM

Neben der Struktur spielt bei der Gestaltung von Gärten immer die Farbe eine entscheidende Rolle. Nun denken viele beim Thema Gräser erst einmal an Grün. Tatsächlich gibt es Staudengräser in allen Grünschattierungen, aus denen sich wunderschöne Ton-in-Ton-Bilder zaubern lassen. Man sollte aber keinesfalls die große Gruppe der farbigen Gräser vernachlässigen. Mit ihren auffälligen Blatthorsten in vielen Graublau-, Stahlblau- und Rotschattierungen lassen sich spannende Akzente setzen. Auch weißbunt oder gelbbunt panaschierte Sorten sind echte Hingucker im Garten. An dieser Stelle ist nicht die Herbstfärbung der Gräser gemeint (siehe ab Seite 116), sondern die permanente Färbung der Gräser über Sommer und Herbst sowie bei immergrünen auch noch während des Winters.

**VIELFALT DER WUCHSFORMEN** Gräser unterscheiden sich nicht nur in ihrer Höhe, der Blattform und -farbe. Für die Gestaltung ist auch die Wuchsform entscheidend. So gibt es beispielsweise straff aufrecht wachsende Gräser, die sich gut als Raumteiler einsetzen lassen. Überhängende Arten wirken besonders schön in hohen Töpfen oder in Kombination mit großen Steinen.

**[a] BLAUE FUTTERSTELLE** Lavendel sollte in keinem sonnigen Gräsergarten fehlen. Ein Blütenmeer aus blauen Lavendelblüten kombiniert mit biegsamen Gräserhalmen wirkt fantastisch und ist zudem ein echter Magnet für Schmetterlinge, Bienen und Hummeln.

**[b] BLAUE WELLE** Hier eine sehr dynamische Gestaltung aus Blau-Schwingel, Lavendel und Kies. Die Kiesauflage dient nicht allein optischen Zwecken. Durch ihre Fähigkeit, Sonnenwärme zu speichern, fördert sie das Wachstum wärmeliebender Stauden. Zudem verringert sie die Keimung zufliegender Unkrautsamen.

**[c] BLAUES SCHILLERGRAS** Mit seinen breiten, blaugrünen Blättern wirkt das Schillergras *(Koeleria glauca)* sehr attraktiv. Dieses hübsche, langlebige Staudengras liebt sonnige Standorte und kommt auch mit mageren, trockenen Böden bestens zurecht.

# ELEGANT IN BLAU

## *Gräser in Blaugrau, Blaugrün und Stahlblau*

Die Farbe Blau erzeugt Weite und ist daher besonders für kleine Gärten sehr zu empfehlen. Blaugraue und silberblaue Pflanzungen wirken häufig kühl und elegant.

### SONNE ERWÜNSCHT

Alle Staudengräser mit bläulicher Färbung lieben vollsonnige Gartenplätze. Stehen sie zu schattig, „vergrünen" sie, d. h. die gewünschte Blaufärbung kann sich bei zu geringer UV-Einstrahlung nicht voll ausbilden. Blaue Gräser lassen sich gut mit anderen silberblauen Stauden und Gehölzen zu attraktiven Ton-in-Ton-Beeten kombinieren, beispielsweise mit Lavendel, Perovskien oder silbrig behaarte Arten wie dem Wollziest und der Königskerze. Auf der anderen Seite passen blaugrüne und silberblaue Gräser auch hervorragend zu allen Blütenfarben. Ob romantische Beete in Blau, Weiß und Rosa oder stärkere Kontraste mit leuchtendem Gelb, Orange und Rotblau sowie Silbertöne. Als Partner kommen neben allen sonnenliebenden Blütenstauden auch Rosen und Zwiebelblumen in Frage.

### BLAU-SCHWINGEL MIT BRILLANTER FARBWIRKUNG

Der Blau-Schwingel liebt geschützte Standorte in voller Sonne und einen mageren, durchlässigen Boden. Zwei Sorten zeigen eine besonders brillante Farbwirkung: *Festuca cinerea* 'Elijah Blue' besitzt ein leuchtendes Stahlblau und bildet kompakte Gräserkissen von etwa 15 cm Höhe. *Festuca ovina* 'Eisvogel' wächst etwas lockerer und punktet mit seiner eleganten, silberblauen Farbe.

### GRÄSERHORSTE IN STAHLBLAU

Der Blaustrahlhafer, *Helictotrichon sempervirens*, bildet dichte, 40 bis 50 cm hohe Gräserhorste aus schmalen, etwas steifen, stahlblauen Blättern. Seine eleganten Blütenrispen erscheinen von Juli bis August und stehen weit über dem Blatthorst an langen, biegsamen Halmen. Blaustrahlhafer liebt warme, sonnige Gartenplätze und lässt sich hervorragend mit Rosen und Lavendel zu anmutigen Sommerbeeten kombinieren. Die Sorte 'Saphirsprudel' besticht durch ein leuchtendes Stahlblau und ist noch etwas robuster als die Art.

### UNKOMPLIZIERTE PARTNER IN BLAUGRÜN

Hübsch, unkompliziert und kompakt wachsend ist das Blaue Schillergras, *Koeleria glauca*. Es ist ein hervorragender Partner für kleine Zwiebelblumen wie Zwerg-Iris, Krokus und Blausternchen.

### STRUKTURGEBER IN BLAUGRÜN

Ein sehr attraktives Erscheinungsbild zeigt die Rutenhirse, *Panicum virgatum*. Viele ihrer Sorten wachsen straff aufrecht mit Höhen von 80 bis 120 cm. Die duftigen Blüten bilden ab Juli einen zusätzlichen Schmuck. Durch ihre besondere Wuchsform passt die Rutenhirse sehr gut zu moderner Architektur. Hier kann sie beispielsweise in geraden Reihen als halbhoher Raumteiler gepflanzt werden. Zwischen Stauden kann sie, wiederholt in rhythmischen Abständen gepflanzt, Beete gliedern und strukturieren. *Panicum virgatum* 'Heavy Metal' besitzt blaugrüne Halme und ist ausgesprochen standfest und robust. *Panicum virgatum* 'Heiliger Hain' schmückt seine blaugrünen Halme zusätzlich mit bordeauxroten Spitzen, was ihnen einen besonderen Reiz verleiht. Alle Sorten der Rutenhirse lieben sonnige Standorte.

[a] QUER GESTREIFT Das Zebraschilf, *Miscanthus sinensis* 'Zebrinus', bildet imposante Horste bis 180 cm Höhe. Ein echter Hingucker für sonnige bis leicht halbschattige Bereiche.

[b] SCHÖN GEMUSTERT Die überhängenden, gelbgrünen Horste des Japan-Goldbandgrases bilden mit den gelb panaschierten Funkienblättern ein perfektes Duo.

[c] WIE VERZAUBERT Silbrig spiegelt sich das Morgenlicht in den Tautropfen, die das Lampenputzergras eingefangen hat – ein märchenhaftes Gartenbild.

# STRAHLENDES GELB

## *Gräser mit warmer Wirkung*

Die Farbe Gelb leuchtet und setzt warme und strahlende Akzente im Garten. Besonders in dunklen, halbschattigen und schattigen Gartenbereichen ist die aufhellende Wirkung von Gelb sehr willkommen.

Wie praktisch, dass es eine ganze Reihe gelb panaschierter Gräsersorten gibt, die auch an schwierigen Standorten gut wachsen und gedeihen.

### ROBUST UND DEKORATIV

Die Japan-Gold-Segge, *Carex oshimensis* 'Evergold', besitzt auffällige, bogig überhängende, grüne Blätter mit einem breiten, gelben Mittelstreifen. Sie bildet kompakte Polster von 20 bis 25 cm Höhe. 'Evergold' ist auch im Winter ein auffälliger Blickpunkt für halbschattige und schattige Bereiche, da die Blätter immergrün sind. Neben der Verwendung im Garten ist dieses robuste und dekorative Staudengras auch hervorragend zur Bepflanzung von Blumenkübeln und Kästen geeignet.

### ELEGANT MIT GELBGRÜN GESTREIFTEN BLÄTTERN

Das Japan-Goldbandgras, *Hakonechloa macra* 'Aureola', bildet auffällige, leuchtend gelbgrün gestreifte Gräserhorste. Es wird 20 bis 30 cm hoch und etwa 40 cm im Durchmesser. Die weichen Halme und Blätter hängen elegant bogig über. Das Japan-Goldbandgras ist ein ausgesprochen attraktives Staudengras für geschützte Bereiche im Halbschatten. Es lässt sich hervorragend mit Stauden wie Funkien, Storchschnabel und Japanischen Anemonen kombinieren. Auch kommt es gut neben Felsen und Steinen zur Geltung. Voller Schatten ist für das Goldbandgras nicht empfehlenswert, da die Blattausfärbung dann weniger leuchtend ausgeprägt ist. Es ist sinnvoll dieses etwas anspruchsvollere Gras bereits im Frühjahr zu pflanzen, damit es vor den ersten Winterfrösten ein kräftiges Wurzelsystem ausbilden kann. Auch im Topf macht das bogig überhängende Goldbandgras eine gute Figur. Hier kann es jedoch in strengen Wintern zum Absterben der Pflanze kommen.

Die Sorte *Hakonechloa macra* 'All Gold' ist durchgehend gelb gefärbt. Auch sie besitzt eine große Leuchtkraft und bereichert halbschattige Gartenpartien mit ihrem warmen Gelb. In ihrer Wuchsform und ihren Ansprüchen ähnelt sie ihrer Schwesternsorte.

### GESTREIFTES ZEBRASCHILF

Eine ganz andere Wuchsform und Ausstrahlung besitzt das Stachelschweingras, auch Zebraschilf genannt, *Miscanthus sinensis* 'Strictus'. Hierbei handelt es sich um ein straff aufrecht wachsendes Solitärgras, das eine Höhe bis zu 180 cm erreicht. Es besitzt frisch-grüne, breite Blätter mit leuchtend gelben Querstreifen. Das Stachelschweingras blüht in unserem Klima nur selten. Das ist aber kein Nachteil, da der Schmuck dieses auffälligen Grases in seinem kraftstrotzenden Wuchs und den bunten Blättern liegt. Im Gegensatz zu 'Strictus' besitzt die Sorte 'Zebrinus' leicht überhängendes Laub und wächst etwas lockerer und weicher. Auch hier macht das auffällige, quergestreifte Blatt den Zierwert der Pflanze aus.

**[a] HEREINSPAZIERT!** Einladende Vorgärten lassen sich gut mit einer Mischung aus Gehölzen, Stauden und Gräsern gestalten.

**[b] GRÄSERMEER** Das Rohr-Glanzgras besitzt auffällige, weißgrün gestreifte Blätter. Streifenweise mit Lavendel gepflanzt, ergibt sich eine spannende Wirkung in Form und Farbe.

# WEISS VERBINDET
## *und hellt auf*

Weiß ist als Gestaltungselement im Garten sehr wertvoll. Es hellt schattige Gartenpartien wirkungsvoll auf. Weiße Gräser passen zu allen Blütenfarben und können somit eine Verbindung zwischen blühenden Stauden und Gehölzen schaffen.

Auch eine größere, einheitlich bepflanzte Fläche, die ausschließlich aus weißgrün gestreiften Staudengräsern besteht, kann sehr lebendig und interessant wirken.

### LEBHAFT IM SCHATTEN

Die Teppich-Japan-Segge, *Carex morrowii* var. *foliosissima* 'Icedance' ist extrem robust und pflegeleicht. Sie ist sehr wüchsig und bildet Ausläufer, so dass sie innerhalb kurzer Zeit Flächen wirkungsvoll und attraktiv begrünt. Da sie zudem noch immergrün und frosthart ist, bildet sie auch in den Wintermonaten einen wertvollen Gartenschmuck. 'Icedance' besitzt breite, cremeweiße Längsstreifen und ist mit ihrem lebhaften Blatt besonders zur Aufhellung halbschattiger und schattiger Gartenpartien hervorragend geeignet. Wuchshöhe und Breite liegen bei 40 bis 50 cm. Ähnlich robust und pflegeleicht ist die Seggen-Sorte *Carex morrowii* 'Silver Sceptre'. Sie bleibt mit 15 bis 20 cm Wuchshöhe jedoch deutlich niedriger und wächst insgesamt etwas zierlicher als 'Icedance'. 'Silver Sceptre' bildet mit ihrem dichten, grünweiß gestreiften Laub attraktive Gräserflächen und kann somit als kompakter Bodendecker für halbschattige und schattige Gartenbereiche empfohlen werden.

### CREMEWEISS-GRÜNE ELEGANZ

Das Japan-Silberbandgras, *Hakonechloa macra* 'Albostriata', besitzt einen eleganten, überhängenden Wuchs und lebhafte, cremeweiß-grün gestreifte Blätter. Es liebt geschützte, halbschattige Gartenbereiche und lässt sich gut mit Funkien *(Hosta)*, Astilben und Japanischen Anemonen kombinieren. Sein überhängender Wuchs macht es auch für Töpfe und Kübel auf Balkon und Terrasse interessant. Da es jedoch nicht extrem winterhart ist, muss es in strengen Wintern ins Haus gebracht werden. In geschützten Bereichen ausgepflanzt, ist die Winterhärte jedoch kein Problem.

### WEISSE SCHÖNHEITEN IN EINZELSTELLUNG

Auch bei den höher wachsenden Solitärgräsern gibt es schöne, weißbunte Züchtungen. Bei den Pampasgräsern *(Cortaderia selloana)* ist die Neueinführung 'Comet' mit ihren weiß gestreiften Blättern sehr attraktiv. Hier ist allerdings Winterschutz ratsam. Binden Sie die Gräserhorste im November mit einem Strick zusammen und umwickeln Sie die Pampasgräser mit einer Kokosmatte oder viel Tannenreisig.

**IMMERGRÜNE IM WINTER SCHÜTZEN** **Frostschäden sind in der Regel Trockenschäden. Ist der Boden hart gefroren, kann die Wurzel kein Wasser mehr aufnehmen. Durch die Einwirkung von Sonne und Wind verdunsten aber insbesondere immergrüne Arten zwangsläufig größere Wassermengen. Durch Abdecken mit Reisig, Vlies oder Kokosmatten wird die Einwirkung von Wind und Sonne deutlich reduziert.**

[a]

[a] **ROBUSTE SCHÖNHEIT** *Carex morrowii* 'Silver Sceptre' ist als kompakter, weißbunter Bodendecker uneingeschränkt empfehlenswert. Das zierliche Laub besticht durch auffällige, weiße Streifen und hängt weich bogig über. Zudem ist diese immergrüne Segge sehr vital und kommt mit fast jedem Standort zurecht.

[b] **FILIGRANE ELEGANZ** Die graugrün-weiß gestreiften Blätter von *Miscanthus sinensis* 'Morning Light' wirken durch ihre feine Struktur sehr edel. Farblich besonders schön sind sie in Kombination mit hellen Blautönen. In dieser Staudenpflanzung wurde ihnen ein Blütenmeer aus Astern zu Füßen gelegt.

[b]

## AUFFALLEND ATTRAKTIV

Sehr auffällig und attraktiv sind die weiß gestreiften Sorten des Chinaschilfs, *Miscanthus sinensis*. Die Sorte 'Morning Light' wirkt mit ihren feinen, bogig überhängenden, graugrün-weiß gestreiften Blättern elegant und edel. Sie bildet dichte Gräserhorste von 130 bis 150 cm Höhe. Durch den dichten Wuchs ist 'Morning Light' auch als halbhoher Sichtschutz gut geeignet. *Miscanthus sinensis* 'Cabaret' wächst mit über 200 cm Wuchshöhe deutlich stärker. Diese Sorte besitzt ein breites, weißgrün gestreiftes Blatt. Alle weißbunten *Miscanthus*-Sorten bevorzugen einen sonnigen, maximal leicht halbschattigen Gartenplatz. Da weißbunte Züchtungen häufig etwas frostempfindlicher sind als Sorten mit grünem Laub, empfiehlt sich in rauen Lagen eine leichte Abdeckung mit Laub und Tannenreisig.

## WEISSBUNTE BEGLEITER FÜR SONNENANBETER

Auch unter den Pfeifengräsern gibt es eine sehr hübsche, weißbunte Züchtung: *Molinia caerulea* 'Variegata' besitzt frisch-grünes Laub mit cremefarbenen Längsstreifen und bildet zierliche Gräserhorste von 40 bis 50 cm Höhe. Ab Ende August erscheinen die schwarzbraunen Blütenstände, die deutlich über dem Laub stehen. Das weißbunte Pfeifengras bevorzugt sonnige Standorte und lässt sich gut mit sonnenliebenden Stauden, Rosen und Buchsbaum kombinieren. Aber auch ein Standort im lichten Halbschatten ist noch möglich.

## FRISCH-GRÜN MIT WEISSEN LÄNGSSTREIFEN

Sehr verbreitet und bekannt ist das Glanzgras, *Phalaris arundinacea*. Es bildet dichte, etwa 100 cm hohe Bestände aus frisch-grünen Blättern mit schmalen, weißen Längsstreifen. Das Glanzgras ist extrem robust und anspruchslos. Es gedeiht an sonnigen und halbschattigen Standorten und kommt mit jedem Boden zurecht. Durch seine starke Ausläuferbildung kann es gut zur Begrünung größerer Flächen verwendet werden. Bei kleinen Gärten ist jedoch Vorsicht geboten – hier kann es sinnvoll sein, den Ausbreitungsdrang des Grases mit einer Rhizomsperre zu begrenzen, siehe Seite 136 f. Oder man pflanzt das Gras in einen großen Kübel.
Sehr empfehlenswert ist die Sorte *Phalaris arundinacea* 'Mervyn Feesey'. Mit 50 bis 60 cm Höhe wächst diese Züchtung wesentlich schwächer als die Art und breitet sich nicht so stark aus. Außerdem besitzt ihr Blatt einen höheren Weißanteil und wirkt dadurch noch auffälliger und interessanter. Die Halme und Blätter aller Glanzgräser lassen sich hervorragend mit blühenden Stauden zu bunten Sträußen verarbeiten.

## BEEINDRUCKEND IN BLATT UND BLÜTE

Eine spannende Neuzüchtung ist das weißbunte Plattährengras, *Chasmanthium latifolium* 'River Mist'®. Seine hübschen Blätter schmücken sich mit unterschiedlich breiten Längsstreifen in Hellgrün und Weiß. Zusätzlich erscheinen ab Spätsommer die auffälligen Blütenstände. Sowohl die Blätter als auch die Blüten sind ein hübscher Vasenschmuck.
Das Plattährengras ist horstbildend, treibt also keine Ausläufer und erreicht eine Höhe von 70 bis 80 cm. Es bevorzugt sonnige bis leicht halbschattige Standorte. Steht es zu schattig, „vergrünt" es, d. h., der Weißanteil in den Blättern verringert sich.

[a] FARBFEUERWERK Die intensive scharlachrote Herbstfärbung des Japanischen Blutgrases zeigt sich ab Anfang September und ist vor allem im Gegenlicht spektakulär.

[b] FARBWIRKUNG Das Japanische Blutgras wirkt in flächigen Pflanzungen besonders auffallend. Bereits ab Anfang Juni sind seine Blattspitzen dekorativ rot überlaufen.

# LEUCHTKRAFT MIT ROT

## *Spannende Gartenbilder gestalten*

Rot ist die dominanteste aller Farben, temperamentvoll und lebhaft. Als Komplementärfarbe zu Grün entfaltet Rot im Garten eine große Leuchtkraft.

Im großen Gräsersortiment gibt es eine Vielzahl von Sorten, die im Herbst lebhaft orange und rot leuchten. Einige Züchtungen haben jedoch schon im Sommer rote Farbtöne zu bieten. Mit diesen lassen sich spannende Gartenbilder gestalten.

### JAPANISCHES LEUCHTWUNDER

Eine überaus wertvolle, rotlaubige Sorte ist das Japanische Blutgras, *Imperata cylindrica* 'Red Baron'. Es erreicht eine Höhe von 30 bis 40 cm und besitzt einen aufrechten Wuchs. 'Red Baron' vermehrt sich über kurze Ausläufer und bildet so kleine Bestände. Sein Ausbreitungsdrang ist jedoch nicht so groß, dass es im Garten wuchert und lästig wird. Bereits kurz nach dem Austrieb im Frühjahr sind die Blattspitzen rot überlaufen. Im Verlauf des Sommers nimmt der Rotanteil stetig zu. Ab September leuchtet dann die ganze Pflanze in einem intensiven Scharlachrot. In unserem Klima kommt das Blutgras normalerweise nicht zur Blüte – was aber seinen hohen Schmuckwert keineswegs verringert. Es treibt im Frühjahr relativ spät aus. Haben Sie also etwas Geduld und vermuten Sie nicht, dass das Gras den Winter nicht überstanden hat. In milden Gebieten ist *Imperata cylindrica* 'Red Baron' zuverlässig winterhart. In meinem Garten in Oldenburg hat es schon mehrere Winter ohne jeglichen Schutz problemlos überstanden. In rauen Gebieten ist ein Winterschutz mit Laub und Tannenreisig sinnvoll. Hier empfiehlt sich auch eine Frühjahrspflanzung, damit sich die Pflanze vor dem Winter gut einwurzeln kann. Das Blutgras liebt sonnige Standorte und kommt mit jedem normalen Gartenboden zurecht. Sein leuchtendes Rot lässt sich sehr gut mit sonnenliebenden Stauden kombinieren. Hier pflanzt man es am besten in kleinen Gruppen von mindestens drei Stück. Aber auch größere Flächen, die ausschließlich mit dem Blutgras bepflanzt werden, haben eine spektakuläre Farbwirkung. In Töpfen und Kübeln macht das Blutgras im Sommer und Herbst ebenfalls eine gute Figur. Hier ist die Winterhärte dann allerdings etwas geringer als ausgepflanzt im Beet.

### HINGUCKER

Rottöne sind nicht immer einfach miteinander zu kombinieren, können jedoch ein echtes Highlight sein. Spektakulär wirken die orangefarbenen und zinnoberroten Blüten von Nelkenwurz, Zinnien oder Dahlien kombiniert mit bordeauxroten Blattpflanzen. Hier sind auch das Blutgras und die Sorten von *Pennisetum setaceum* erstklassige Partner.

[a]

[b]

[c]

[a] FLAUSCHIGE BLÜTENSTÄNDE *Pennisetum setaceum* 'Rubrum' blüht sehr reich. Es lässt sich gut mit Sommerblumen zur Gestaltung bunter Beete verwenden.

[b] AUFFÄLLIGE BLATTSPITZEN Die Purpurrote Rutenhirse fällt durch die weinrote Färbung ihrer Halmspitzen bereits im Frühsommer ins Auge.

[c] LEBHAFTES LAUB *Pennisetum setaceum* 'Fireworks' besticht durch sein leuchtendes, bunt gestreiftes Laub. Ein echter Hingucker für sonnige Gartenplätze.

## FÜR FEURIGE GARTENBILDER

Eine Neuzüchtung der Rutenhirse, *Panicum virgatum* 'Shenandoah', beeindruckt ebenfalls durch ihre intensive Laubfärbung. Im Frühjahr und Frühsommer sind zunächst die Laubspitzen bordeauxrot gefärbt. Ab Spätsommer nimmt die Färbung stetig zu, bis schließlich die ganze Pflanze weinrot leuchtet. Zusätzlich erscheinen ab Juli die duftigen Blütenstände.
Die Purpur-Rutenhirse erreicht eine Höhe von 80 bis 100 cm und bevorzugt vollsonnige Standorte mit durchlässigen Böden. Sie ist gut winterhart und lässt sich mit sommer- und herbstblühenden Stauden wie Sonnenhut, Astern, Fetthenne und Schafgarbe zu schönen Gartenbildern kombinieren.

## STRAHLKRAFT IN BLATT UND BLÜTE

Seit kurzer Zeit ist eine spektakuläre neue Sorte des Lampenputzergrases, *Pennisetum setaceum* 'Fireworks' auf dem Markt. Sie besticht durch ihre dichten Horste aus leuchtend bunten Blättern, die in verschiedenen Rot-, Gelb- und Grüntönen gefärbt sind. Zusätzlich erscheinen im Spätsommer große lampenputzerähnliche Blütenstände in einem warmen Rotbraun. 'Fireworks' erreicht eine Wuchshöhe von etwa 50 cm. Die flauschigen Blütenstände stehen deutlich über dem Laub. Eine sehr reizvolle Kombination bildet dieses lebhaft gefärbte Gras mit der samtig rotschwarzen Schokoladenblume, *Cosmos atrosanguineus*, die von Juli bis Oktober blüht und intensiv nach Schokolade duftet. Leider ist diese schöne Gräserzüchtung nicht winterhart – man kann sie also nur einjährig im Beet oder im Kübel kultivieren. Die Farbwirkung ist jedoch so spektakulär, dass sich der Kauf dieses Grases auch für einige Monate immer lohnt.
Die Schwesternsorte *Pennisetum setaceum* 'Rubrum' wird schon seit einigen Jahren als einjährige Strukturpflanze für den Sommer und Herbst angeboten. Sie ist in der Farbwirkung nicht ganz so leuchtend, sondern schmückt ihre Blätter mit einem warmen Rotbraun. Mit ihrer etwas dezenteren Farbe und den zahlreichen seidigen Blütenständen ist sie als Strukturpflanze in bunten Sommerbeeten und für Topf und Kübel sehr empfehlenswert.

**BESTECHENDE BLÜTEN** **Das Orient-Lampenputzergras, *Pennisetum orientale*, bildet ab Anfang Juli wahre Blütenwolken aus flauschigen, rosavioletten Blütenständen. Es bleibt mit 40 bis 50 cm Wuchshöhe recht kompakt. *Pennisetum japonicum* wird mit über 100 cm deutlich höher. Seine großen rotbraunen Blütenrispen besitzen an der Spitze einen flauschigen weißen Fleck. Beide Arten sind wärmeliebend und sollten einen geschützten, vollsonnigen Gartenplatz bekommen. Winterschutz ist ratsam.**

[a] SCHÖN UND WILD *Pleioblastus fortunei* besitzt sehr dekoratives, weißbuntes Laub. Durch Ausläufer bildet er dichte Bestände und lässt sich gut als mittelhoher Bodendecker verwenden. Zur Zähmung seines Ausbreitungsdrangs ist der Einbau einer Rhizomsperre anzuraten.

[b] FARBE UND STRUKTUR *Pleioblastus shibuyanus* 'Tsuboi' fällt durch sein großes, gelb gemustertes Laub auf. In dieser wertvollen Züchtung vereinen sich eine schöne Blattstruktur mit einer leuchtenden Farbwirkung. Ein echter Hingucker im Beet und in passenden, edlen Pflanzgefäßen.

# BAMBUS

## *Farbenspiele von weißbunt bis gelbbunt*

Bambus wirkt primär durch seine Größe und die Struktur der Halme und Blätter. Doch auch bei dieser meist grünlaubigen Pflanzengruppe gibt es Farbvarianten, die sich vielseitig in der Gartengestaltung einsetzen lassen.

Die folgenden Sorten mit weißbunten und gelbbunten Blättern gedeihen, je nach Sorte, an sonnigen, halbschattigen oder schattigen Standorten.

### KOMPAKT MIT GESTREIFTEM LAUB

Der Zwergbambus, *Pleioblastus fortunei*, besitzt bis zu 20 cm lange Blätter mit unterschiedlich breiten, weißen Längsstreifen. Da er am liebsten im Halbschatten oder Schatten wächst, ist er gut zur Aufhellung dunklerer Gartenpartien geeignet. Hier bildet er dichte Bestände von 40 bis 70 cm Höhe. Bei kleineren Flächen kann der Einbau einer Rhizomsperre sinnvoll sein, da dieser Zwergbambus Ausläufer bildet.
*Pleioblastus shibuyanus* 'Tsuboi' besticht durch große, attraktive, frisch-grüne Blätter mit cremegelben Längsstreifen. Er erreicht eine Wuchshöhe von 100 bis 150 cm und bevorzugt sonnige bis halbschattige Gartenplätze. Auch bei dieser Sorte ist eine Rhizomsperre empfehlenswert. Oder man pflanzt diesen außergewöhnlich schönen Bambus in einen großen Kübel.

### LEBHAFT VOR DUNKLEM HINTERGRUND

Eine sehr schöne, leuchtende Farbwirkung besitzt auch *Hibanobambusa tranquillans* 'Shiroshima'. Seine dichtstehenden, grünen Blätter schmücken sich mit cremeweißen und gelben Streifen. Dieser auffällige Bambus besitzt eine gute Winterhärte und bildet dichte Bestände von 100 bis 200 cm Höhe. Er bevorzugt sonnige bis halbschattige Standorte und kann sowohl im Beet als auch als dekorative Kübelpflanze kultiviert werden. Sehr schön und lebhaft wirkt er vor einem dunklen Hintergrund. Da auch diese Sorte durch Bildung von Ausläufern sehr ausbreitungsfreudig ist, sollte bei der Pflanzung im Beet eine Rhizomsperre eingebaut werden.

### IMPOSANTE BAMBUSGESTALTEN

Neben ihrem dekorativen Laub wirken Bambus vor allem durch die Struktur und die Färbung ihrer Halme. Hier ist besonders die große Gruppe der *Phyllostachys* zu nennen, deren Halme auch bei uns Durchmesser von bis zu 6 cm erreichen können. Ihre glänzende Oberfläche und die reiche Farbpalette mit Punkten und Streifen bieten vielfältige Gestaltungsmöglichkeiten. Alle *Phyllostachys* sind ausläuferbildend und erreichen ja nach Sorte Wuchshöhen zwischen 300 cm und 10 m. Bei der Gartenplanung sollte man die Endhöhe und den Ausbreitungsdrang dieser großen Bambusgestalten von vornherein berücksichtigen. Zur Eingrenzung ist eine Rhizomsperre unbedingt empfehlenswert. Auch als Kübelpflanze machen etliche *Phyllostachys*-Sorten ganzjährig eine gute Figur. Hier muss die passende Kübelgröße eingeplant werden. Außerdem ist besonders bei warmen und windigen Wetterlagen auf eine ausreichende Wasserversorgung zu achten, da Bambuspflanzen mit ihrer großen Blattmasse erhebliche Wassermengen verdunsten.

[a] AUF ZICKZACKKURS *Phyllostachys aureosulcata* 'Spectabilis' wächst an der Basis häufig zickzackartig.

[b] BLATTSCHMUCK Neben ihren auffälligen Halmen basiert der hohe Schmuckwert von *Phyllostachys* (hier: *Phyllostachys vivax* 'Aureocaulis') auf ihrem dichten, dekorativen Laub.

[c] GESTREIFTER HINGUCKER Bei vielen *Phyllostachys*-Arten lohnt sich der genaue Blick. Hier ein Halmdetail von *Phyllostachys aureosulcata* 'Spectabilis'.

**Für kleine bis große Gärten**

*Phyllostachys aurea* besitzt glänzend grüne bis gelblich-grüne Halme, die häufig an den Knoten dekorativ verdickt sind. Darauf bezieht sich auch sein deutscher Name: Knoten-Bambus oder Kranichknie-Bambus. Die Halme erreichen einen Durchmesser von 2 bis 3 cm. Mit einer Wuchshöhe von 250 bis 400 cm gehört der Knoten-Bambus zu den niedrigeren *Phyllostachys*-Arten, ist also auch für kleinere Gärten und als Kübelpflanze gut geeignet.
Eine mittlere Höhe von 5 bis 6 m erreicht *Phyllostachys nigra* 'Henonis'. Er besitzt grüne, glänzende Halme von 3 bis 5 cm Durchmesser und bildet nur wenige, kurze Ausläufer. Sein Wuchs ist straff aufrecht, jedoch hängen die Triebspitzen leicht über, was der Pflanze ein sehr attraktives, fontänenhaftes Aussehen verleiht.

*Phyllostachys vivax* hingegen ist ein wahrer Gigant. Er erreicht Wuchshöhen von 6 bis 9 m und Halmdurchmesser bis 6 cm. Die Halme sind dunkelgrün und mit ihrer glänzenden, glatten Oberfläche ausgesprochen attraktiv. Aufgrund seiner Höhe und seiner großen Wuchsstärke benötigt dieser Bambus viel Platz.

**Gelbe Halme mit grünen Streifen**

Die Sorte *Phyllostachys vivax* 'Aureocaulis' wächst ebenso mächtig wie die Art. Ihre dicken, glänzenden Halme sind maisgelb gefärbt und schmücken sich mit einzelnen, unterschiedlich breiten, grünen Längsstreifen. Durch den Kontrast zwischen den gelbgrünen Halmen und den relativ großen, tiefgrünen Blättern entsteht ein lebhaftes Farbenspiel.
Auch *Phyllostachys aureosulcata* 'Spectabilis' besitzt gelbe Halme mit einzelnen grünen Streifen. Die Halme erreichen einen Durchmesser von 2,5 bis 4 cm und wachsen im unteren Bereich häufig nicht kerzengerade, sondern leicht zickzackartig. Mit einer Wuchshöhe von 300 cm bis 5 m kann diese Sorte auch noch gut in großen Kübeln kultiviert werden.

**LECKER** **Bambussprossen als Konserve sind in Deutschland bekannt. Sie lassen sich jedoch auch im eigenen Garten ernten. Hierzu werden die Triebe im Mai, wenn sie beginnen zu wachsen, mit einem Messer oder einer scharfen Gartenschere von der Pflanze geschnitten. Beispielsweise sind alle Sorten von *Phyllostachys vivax* schmackhaft und zum Verzehr geeignet.**

**[a] EDLES SCHWARZ** *Phyllostachys nigra* wirkt sehr elegant – egal ob ausgepflanzt oder in Gefäßen.

**[b] SCHÖNE DETAILS** Beim genauen Hinsehen offenbart sich die ganze Schönheit eines Halms von *Phyllostachys nigra*.

**[c] AUFFÄLLIGES ROT** *Fargesia nitida* 'Jiuzhaigu' setzt mit seinen gelblich und rot gefärbten Halmen auffällige Blickpunkte.

# BAMBUS
## *Halme in Schwarz und Braun*

Bambus bietet bei der Gartengestaltung viele Möglichkeiten. Struktur und Farbe der Halme setzen auffällige Blickpunkte im Beet oder Pflanzgefäß.

### EDLE BLICKPUNKTE IM GARTEN

Der Schwarze Bambus, *Phyllostachys nigra* 'Punctata', ist eine sehr auffällige Erscheinung. Seine glänzend schwarzen Halme, die einen Durchmesser von 2 bis 4 cm haben, wirken ausgesprochen edel. Hierbei ist zu bemerken, dass nur ausgereifte Halme die glänzend schwarze Oberfläche zeigen. Nach dem Austrieb sind die jungen Halme im ersten Jahr zunächst olivgrün. Im zweiten Jahr erscheinen immer mehr schwarze Punkte auf den Halmen, so dass sie ab dem dritten Jahr durchgehend schwarz gefärbt sind. Die dunklen Halme bilden einen sehr schönen Kontrast zu dem glänzend tiefgrünen Laub. Der Schwarze Bambus ist im Garten vielseitig verwendbar. Durch seine elegante Erscheinung ist er in Einzelstellung ein auffälliger Blickpunkt. Da die Blätter sehr dicht stehen, ist er gut als Sichtschutz verwendbar. In großen Pflanzgefäßen wirkt er ausgesprochen edel.

Schließlich bildet auch noch *Phyllostachys nigra* 'Boryana' sehr interessante Halme aus. Sie besitzen einen Durchmesser von 3 bis 5 cm und sind auf einer grünen Grundfarbe in verschiedenen Brauntönen gefleckt und gemustert. Diese Sorte gehört mit 6 bis 8 m Höhe zu den stark wachsenden *Phyllostachys*. Im Garten kann sie als auffälliger Solitär oder in kleinen Gruppen gepflanzt werden. Da die Belaubung von *Phyllostachys nigra* 'Boryana' sehr dicht ist, bietet sie einen exzellenten Sichtschutz.

### DICHTES LAUB FÜR KLEINE GARTENPARTIEN

Bei den meisten *Fargesia*-Sorten fallen die Halme nicht so ins Auge wie bei *Phyllostachys*, da sie wesentlich dünner und nicht so auffällig gefärbt sind. Außerdem fehlt bei *Fargesia* die glänzende Halmoberfläche. Dafür haben sie den Vorteil, dass sie horstartig wachsen. Sie bilden also keine Ausläufer und können bedenkenlos ohne Rhizomsperre gepflanzt werden. Eine sehr empfehlenswerte Sorte ist *Fargesia nitida* 'Jiuzhaigou' Dieser hübsche Bambus erreicht 300 bis 400 cm Wuchshöhe. Seine eher zierlichen Halme sind im Austrieb erst einmal grün, später sind sie gelblich bis rötlich gefärbt. An sonnigen Standorten ist die dekorative Färbung besonders intensiv. 'Jiuzhaigou' ist eine robuste Gartenpflanze, die aufgrund ihres mäßigen Wachstums auch für kleinere Gärten gut geeignet ist. Ihr dichtes Laub macht sie zu einem guten Sichtschutz. Auch als Kübelpflanze für Balkon und Terrasse macht diese Sorte eine gute Figur.

FILIGRANE RAHMEN MIT GRÄSERN

# SITZPLÄTZE

*Sitzgelegenheiten laden zum Verweilen und Genießen ein. Gräser können mit ihrer Biegsamkeit und Leichtigkeit jeden Sitzplatz verzaubern. Die filigranen Blätter, Halme und Blütenstände bewegen sich schon beim leisesten Windhauch.*

[a] **MOBILER SITZPLATZ** Eine Gartenbank auf dem Rasen ist schnell aufgestellt. Sie ermöglicht das Verweilen und Genießen an schönen Gartenplätzen und kann je nach Jahreszeit und Blütenhöhepunkten immer wieder neu platziert werden.

[b] **HOLZTERRASSE** Ein fester Untergrund erleichtert das Aufstellen von Tischen und Stühlen. Die Mischung aus Gräsern und sommerblühenden Stauden schafft eine Atmosphäre sommerlicher Leichtigkeit.

# VIELFALT ZUM VERWEILEN

## *Ruheoasen im Garten*

Es ist eine große Bereicherung, verschiedene Sitzplätze so anzulegen, dass man zu fast jeder Jahreszeit sein grünes Wohnzimmer im Freien genießen kann. Gräser können hier den passenden Rahmen schaffen.

### WOHLFÜHLEN VON FRÜHLING BIS HERBST

Bei der Wahl des Sitzplatzes wird man im Frühling und Herbst sicher versuchen, jeden Sonnenstrahl einzufangen, während an heißen Sommertagen ein beschatteter, kühler Platz unter Bäumen sehr willkommen ist. Wer auch bei Regenwetter gerne den Garten genießen möchte, für den ist eine überdachte Terrasse oder ein Gartenpavillon die optimale Lösung. Meistens empfiehlt es sich, eine Hauptterrasse direkt am Haus zu haben. Diese bietet den Vorteil kurzer Wege und ist mit einer Überdachung auch bei Regen nutzbar. Damit die Gartenmöbel stabil und sicher stehen und sich die Fläche gut sauber halten lässt, ist hier eine Befestigung durch Pflasterung, Fliesen oder einen Holzboden sinnvoll. Zusätzliche Sitzplätze, die über den Garten verteilt werden, können jedoch ganz einfach und mit wenig Aufwand gestaltet werden. Oft reicht es schon, eine Bank oder einige Stühle und einen kleinen Tisch auf dem Rasen aufzustellen. Auch können kleine Flächen, die mit Kies, Splitt oder Rindenmulch abgedeckt werden, schnell und kostengünstig angelegt werden. Am besten ist es, Möbel aus witterungsbeständigem Material (Holz, Metall, Kunststoff) zu verwenden. Dann stehen die Sitzplätze jederzeit und ganzjährig zur Verfügung. Schön ist es, sich ein lauschiges Plätzchen zu schaffen, das vom Haus aus nicht direkt einsehbar ist.

### ZAUBERHAFTE ELEGANZ

Gräser können mit ihrer filigranen Struktur jeden Sitzplatz verzaubern. Die anmutigen Blätter, Halme und Blütenstände bewegen sich schon beim leisesten Windhauch.
Trotz seiner manchmal beachtlichen Höhe und des dichten Laubwerks wirkt Bambus ebenfalls biegsam und filigran. Hinzu kommt das leise, beruhigende Rascheln der Blätter. Das ist bei allen Bambus-Arten sehr ausgeprägt, so dass Bambus an keinem Sitzplatz fehlen sollte.

### MARKANTE GRÄSERGESTALTEN

Neben der Verwendung in Topf und Kübel können Bambus und Gräser direkt am Sitzplatz ausgepflanzt werden. So entstehen geschützte Gartenräume zum Wohlfühlen. Hierfür sind neben Bambus alle hoch wachsenden Sorten des Chinaschilfs geeignet. Die größte Art, *Miscanthus* x *giganteus* ist sehr stark wachsend und erreicht eine Höhe von 300 bis 400 cm. Mit seinen breiten, dichten Blättern bildet das Riesen-Chinaschilf einen hervorragenden Sichtschutz. In unserem Klima kommt es normalerweise nicht zur Blüte. Der starke Ausbreitungsdrang dieser Art sollte am besten gleich bei der Pflanzung durch den Einbau einer Rhizomsperre begrenzt werden.
Die Sorten von *Miscanthus sinensis* sind hingegen horstbildend, treiben also keine Ausläufer. Daher kann man sie bedenkenlos ohne Wurzelsperre pflanzen. Im Spätsommer und Herbst bereichern sie Terrassen und Sitzplätze durch ihre großen, seidigen Blütenstände und ihre leuchtende Herbstfärbung.

**[a] ORIGINELLES HOLZDECK** Mit ihrem aufrechten, grazilen Wuchs sind viele Staudengräser die optimale Wahl für die Gestaltung kleiner Terrassen. Hier wurden Aussparungen in einem Holzdeck stilvoll mit Chinaschilf bepflanzt.

**[b] VIELE STAUDENGRÄSER** sind langlebig und pflegeleicht. Mit ihrer leichten, grazilen Ausstrahlung passen sie gut zu moderner Architektur. Daher sind sie auch bei der Bepflanzung moderner Terrassen vielseitig einsetzbar.

[a]

[b]

# MOBIL UND PLATZSPAREND

## *Grüne Schirme für gemütliche Sitzplätze*

Aus dem großen Sortiment der Gräser und Bambus gibt es zahlreiche Vertreter, die wenig Platz brauchen. In Topf und Kübel sowie kleinen Beeten angepflanzt, bieten sie ideale grüne Schirme für gemütliche Sitzplätze.

### IN TOPF UND KÜBEL

Befestigte Terrassen können mit Kübelpflanzen wohnlich gestaltet werden. Dabei erfüllen die Pflanzen nicht nur dekorative Zwecke, sondern dienen gleichzeitig als Wind- und Sichtschutz. Hier ist Bambus besonders empfehlenswert. Die Arten und Sorten von *Fargesia* und *Phyllostachys* können für sonnige bis halbschattige Standorte verwendet werden. Der großblättrige *Pseudosasa* benötigt weniger Sonne und gedeiht sogar im tiefen Schatten. Wichtig für alle Bambus im Kübel ist eine gute Wasserversorgung, denn sie verdunsten aufgrund der großen Blattmasse erhebliche Wassermengen. Da Bambus relativ stark und schnell wächst, sollten die Töpfe und Kübel möglichst groß gewählt werden. So hat die Pflanze genügend Wurzelraum zur Verfügung, um sich über mehrere Jahre gut entwickeln zu können. Ausführliche Hinweise zu Bambus als Kübelpflanze und Sichtschutz finden Sie auf den Seiten 70 bis 105.

### PLATZSPAREND

Für schmale Abgrenzungen ist das Reitgras, *Calamagrostis* x *acutiflor*, sehr empfehlenswert. Es wächst straff aufrecht auf eine Höhe von 150 cm heran und erreicht dabei nur einen Durchmesser von etwa 50 cm. Neben der bekannten und weit verbreiteten Sorte *Calamagrostis* x *acutiflora* 'Karl Foerster' ist auch die Sorte 'Overdam', die mit 130 cm Wuchshöhe etwas zierlicher bleibt und weiß gestreifte Blätter hat, sehr empfehlenswert. Eine neuere Züchtung ist *Calamagrostis* x *acutiflora* 'Waldenbuch'. Sie zeichnet sich durch eine gute Standfestigkeit und besonders attraktive Blütenrispen aus.
Auch die Rutenhirse, *Panicum virgatum*, lässt sich mit Wuchshöhen von 100 bis 150 cm gut als filigrane Abgrenzung eines Sitzplatzes verwenden. Hier gibt es eine Vielzahl wertvoller Sorten, die sich durch das dekorative Laub, die zarten, schleierartigen Blütenstände sowie die leuchtende Herbstfärbung auszeichnen.

**FORMSACHE** **Bauchige Gefäße haben den Nachteil, dass man durchwurzelte Pflanzen kaum daraus entnehmen kann, ohne den Topf dabei zu zerstören. Insbesondere Bambus, aber auch viele Gräser weisen ein starkes Wurzelwachstum auf. Hier sind Töpfe mit gerader Topfwand und solche, die sich nach oben weiten, auf lange Sicht deutlich besser. Das gilt besonders, wenn man in hochwertige Gefäße investieren möchte.**

**[a] KEINE PLATZFRAGE** Auch auf einem kleinen Balkon lässt sich eine Wohlfühloase schaffen. Neben Staudengräsern in farbigen Gefäßen tragen passende Accessoires zur schönen Gestaltung dieses Sitzplatzes bei.

**[b] NEHMEN SIE PLATZ** Mit hochwertigen Flechtmöbeln und verschiedenen Bambus-Arten in farblich abgestimmten Gefäßen lassen sich anspruchsvolle, edle Terrassenräume gestalten. Dabei wirkt der Bambus während der gesamten Saison üppig und attraktiv.

# SONNIG BIS SCHATTIG

## *Für jeden Sitzplatz das richtige Gras*

Gehören Sie eher zu den Sonnenanbetern oder Schattenliebhabern bei der Wahl Ihres Sitzplatzes im Garten? Gräser und Bambus bieten auch hier ein reichhaltiges Repertoire, um individuelle Ruheplätze und Ruckzugsorte zu gestalten.

### EIN PLATZ AN DER SONNE

Für die Gestaltung eines mit Kies bestreuten Sitzplatzes in sonniger Lage lassen sich alle Steppengräser sehr gut verwenden. Hier sind besonders die Federgräser *Stipa gigantea* und *Stipa tenuissima* sowie die vielen Sorten der Lampenputzergräser *(Pennisetum)* zu nennen. Auch Arten und Sorten mit stahlblauen oder blaugrauen Halmen und Blättern finden hier Verwendung. Schöne Vertreter sind z. B. der Blaustrahlhafer, der Blau-Schwingel und das Schillergras.

### LAUSCHIGE SCHATTENPLÄTZE

Auch Sitzplätze im Halbschatten und Schatten können mit Gräsern problemlos gestaltet werden. Es gibt eine große Anzahl an Arten und Sorten, die auch mit wenig Sonne gut zurechtkommen. Eine markante Gestalt für den Schatten ist die Riesen-Segge, *Carex pendula*. Sie besitzt breite, bogig überhängende Blätter und erreicht eine Höhe von 80 bis 90 cm. Die auffälligen, leicht überhängenden Blütenähren erscheinen im Sommer. Eine gelungene Kombination bildet sie mit dem Silberlaubigen Kaukasus-Vergissmeinnicht, *Brunnera macrophylla* 'Jack Frost'. Dessen große, runde, silbrig-weiße Blätter kontrastieren sehr wirkungsvoll zu dem überhängenden Gräserlaub.

Sehr hübsche und ungewöhnliche Blütenstände bildet die Morgenstern-Segge, *Carex grayi*, die sich ebenfalls im Halbschatten wohlfühlt. Die auffälligen Sterne erscheinen ab Juli und zieren die Pflanze über viele Monate.

Insbesondere bei der großen Gruppe der Seggen *(Carex)* und Marbeln *(Luzula)* gibt es viele Arten und Sorten, die ausgepflanzt oder in Töpfen schattige Sitzplätze verschönern können. In Kombination mit Stauden wie Funkien, Astilben, Farnen, Japanischen Herbst-Anemonen sowie Silberkerzen lassen sich lauschige Rückzugsorte gestalten.

**EIN GRAS KOMMT SELTEN ALLEIN** **Am natürlichsten und harmonischsten wirken Gräser, wenn sie nicht einzeln, sondern wiederholt in kleinen und größeren Gruppen gepflanzt werden. Das gilt insbesondere für die kompakten, polsterbildenden Arten wie Schwingel und auch für mittelhohe Sorten, wie Lampenputzer- und Federgräser.**

SCHÖN ABGESCHIRMT

# SICHTSCHUTZ

*Jeder Garten benötigt geschützte Räume, die von außen nicht einsehbar sind. Klassiker zum Abgrenzen von Grundstücken sind Laub- oder Koniferenhecken. Ganz andere Möglichkeiten der Gestaltung bieten hier Gräser und Bambus.*

**[a] BAMBUS AUF GANZER LINIE** Diese schöne Sitzgruppe aus Bambusrohren wird durch eine mächtige *Phyllostachys*-Gruppe perfekt abgeschirmt. Planen Sie bei der Pflanzung von Bambus genügend Platz ein. Der Ausbreitungsdrang von *Phyllostachys* sollte von vornherein durch das Einbringen einer Rhizomsperre eingegrenzt werden.

**[b] BAMBUS IN GUTER GESELLSCHAFT** Zusammen mit Strauchrosen und Stauden bildet *Fargesia* 'Asian Wonder' einen sommerlich bunten Sichtschutz. So werden Struktur und Farbe harmonisch miteinander kombiniert und das Beet ist ganzjährig attraktiv.

# BLICKDICHTE WÄNDE
## *mit Bambus*

Egal, ob Sie eine ganze Hecke zur Grundstücksabgrenzung oder nur eine kleine Gruppe von Bambus pflanzen – im Laufe der Zeit wird eine Bambuspflanzung nahezu undurchdringlich.

### PLATZBEDARF FÜR HECKEN & CO

Bei der Planung einer Hecke oder einer Sichtschutzgruppe sollte im Vorfeld immer der Platzbedarf der ausgewachsenen Pflanze berücksichtigt werden. Falls ältere Bambuspflanzen im Laufe der Jahre zu breit geworden sind, gibt es grundsätzlich die Möglichkeit, sie durch Abstechen zu verschmälern. Das ist allerdings mühsam. Besser ist es, den Garten von vornherein so zu gestalten, dass die Pflanzen sich ungestört entwickeln können.
Hin und wieder sieht man auch in Form geschnittene Bambushecken. Bambus ist grundsätzlich schnittverträglich, so dass die Möglichkeit des strengen Formierens durchaus besteht. Allerdings verliert der Bambus durch den Rückschnitt etwas von seiner Leichtigkeit.

### KOMPAKTER SICHTSCHUTZ

Optimal zur Gestaltung von Hecken und kleineren Sichtschutzanpflanzungen ist die Bambusgattung *Fargesia*. Die Mitglieder dieser Gruppe sind gut winterhart und bilden keine Ausläufer. In der botanischen Fachsprache werden sie auch als horstbildend bezeichnet. Das bedeutet, dass die Neutriebe allesamt dicht am alten Strauch empor wachsen.

Der Durchmesser des Bambus nimmt dadurch im Laufe der Jahre beträchtlich zu, die Pflanze bleibt aber immer kompakt an einer Stelle. Ein großer Vorteil der Fargesien ist also, dass bei ihrer Pflanzung keine Rhizomsperre notwendig ist.
Fargesien wachsen sowohl an halbschattigen als auch an sonnigen Standorten. Sonnige Plätze erfordern eine gute Wasserversorgung. Es gibt mittelhohe und hohe Sorten.

### SICHTSCHUTZ MIT AUSBREITUNGSDRANG

Die zweite wichtige Gruppe bei den winterharten Bambus ist die Gattung *Phyllostachys*. Hierbei handelt es sich um hoch wachsende Arten und Sorten mit Endhöhen von 300 cm bis 10 m. Ihr großer Schmuck sind die sehr dekorativen Halme, die auch in Deutschland Durchmesser von bis zu 6 cm erreichen können. Mit Halmfarben von Dunkelgrün über leuchtendes Gelb bis Olivbraun, Violett und Schwarz, teilweise auch noch gepunktet oder gestreift, ergeben sich hier schöne Gestaltungsmöglichkeiten.
Aber Achtung: Alle *Phyllostachys* treiben Ausläufer. Das bedeutet, dass die Rhizome unterirdisch ein Stück von der Hauptpflanze weg wachsen und dann an einer anderen Stelle des Gartens aus der Erde kommen. Auf diese Weise entstehen in Laufe der Jahre aus einer Pflanze große Bambusflächen. Auf einem riesigen

**[a] GUT ABGESCHIRMT** Hier findet *Phyllostachys* als dekorativer Sichtschutz an einer Terrasse Verwendung. Unterpflanzt wurde er mit dem fast schwarzlaubigen Schlangenbart (*Ophiopogon planiscapus* 'Niger').

**[b] GUT IN FORM** Bambus lässt sich problemlos als geschnittene Hecke verwenden. Einmal eingekürzt, wächst der einzelne Halm nicht mehr in die Höhe, sondern verzweigt sich stärker und bildet noch dichteres Laub.

**[c] GUT VERSORGT** Viele Bambus-Arten bieten einen attraktiven, immergrünen Sichtschutz. Da sie eine große Blattmasse besitzen und dadurch viel Wasser verdunsten, ist eine ausreichende Wasserversorgung wichtig.

Grundstück mag das vielleicht kein Problem sein, bei kleineren Gärten wird man aber doch versuchen, dem Ausbreitungsdrang von *Phyllostachys* Grenzen zu setzen. Gut geeignet hierfür sind Rhizomsperren, die am besten gleich bei der Pflanzung mit eingegraben werden. Empfehlenswert sind Rhizomsperren aus Hartplastik. Diese sind für Rhizome undurchdringlich und besitzen eine hohe Lebensdauer. Meist haben sie eine Höhe von 70 cm und werden als Meterware angeboten. Sie sollten etwa 65 cm tief in den Boden eingegraben werden, und zwar so, dass oben noch 2 bis 5 cm herausstehen. Auf diese Weise können Rhizome, die die Barriere überwachsen, leicht entfernt werden.

## SCHMUCKE ABSCHIRMUNG IN DUNKELGRÜN

Die dritte Bambusgattung, die als Sichtschutz gut geeignet ist, heißt *Pseudosasa*. Hierbei handelt es sich um einen ausläufertreibenden, mittelhohen Bambus. Auch hier ist also eine Rhizomsperre empfehlenswert. *Pseudosasa* bevorzugt halbschattige Gartenplätze, gedeiht aber auch noch im tiefen Schatten. Sein Schmuck sind die großen, breiten, dunkelgrünen Blätter, die eine Länge von bis zu 25 cm erreichen können. Da sie sehr dicht stehen, bieten sie einen exzellenten Sichtschutz. *Pseudosasa* besitzt eine gute Frosthärte und ist relativ anspruchslos. Obwohl er frische bis feuchte Böden bevorzugt, wächst er auch auf trockenen Standorten noch recht gut.

**MYSTERIÖSE BAMBUSBLÜTE** **Das Phänomen der Bambusblüte ist nach wie vor rätselhaft. So kommt es vor, dass nach vielen Jahrzehnten oder sogar einem ganzen Jahrhundert Blühpause gleichzeitig alle Individuen einer Art weltweit zu blühen beginnen. Meist verbrauchen die Pflanzen bei der Blüten- und Samenbildung so viel Energie, dass sie danach absterben. Obwohl es Hinweise darauf gibt, dass Rückschnitt, Düngung und eine gute Wasserversorgung in Einzelfällen zu einer Regeneration führten, liegen hier nach wie vor wenig gesicherte Erkenntnisse vor.**

[a] ATTRAKTIV Das Chinaschilf, *Miscanthus sinensis*, bietet eine Vielzahl schöner Sorten mit Wuchshöhen von etwa 150 bis 250 cm. Neben dem dichten, filigranen Laub bestechen diese durch ihre seidigen Blütenstände und die leuchtende Herbstfärbung.

[b] IMPOSANT Das Riesen-Chinaschilf, *Miscanthus* x *giganteus*, bildet in einer Saison beeindruckende Gräserhorste von über 300 cm Höhe. Es ist zuverlässig winterhart, vital und robust. Ein echter Hingucker und unkomplizierter Sichtschutz für sonnige bis halbschattige Lagen.

# PFLANZENSCHIRME

## *mit sommergrünen Gräsern*

An Gartenplätzen, wo der Sichtschutz nicht während des ganzen Jahres erforderlich ist, bieten sich mit sommergrünen Staudengräsern vielfältige Gestaltungsmöglichkeiten.

### WUCHTIGE SCHÖNHEITEN

Die Giganten unter den Gräsern wachsen in einem Sommer je nach Sorte auf 150 bis 300 cm Höhe heran. Absolut robust und winterhart ist das Riesen-Chinaschilf, *Miscanthus* x *giganteus*. Bei dieser aus Japan stammenden Kreuzung (aus *Miscanthus sinensis* und *M. sacchariflorus*) gibt es eine gewisse Namensverwirrung. Da sie von Japan aus zuerst zu dem dänischen Botaniker Aksel Olsen gelangte, wird sie auch unter *Miscanthus* x *giganteus* 'Aksel Olsen' geführt. Zudem sind in der Literatur auch noch die veralteten Namen *Miscanthus floridulus* und *Miscanthus japonicus* zu finden.
Das Riesen-Chinaschilf ist ein absolut problemloses Solitärgras, das im tiefen Schatten ebenso gut wächst wie in voller Sonne und zudem noch völlig winterhart ist. Dass es in unserem Klima selten zur Blüte kommt, beeinträchtigt nicht seine wuchtige Schönheit und die vielfältigen Gestaltungsmöglichkeiten. Seine 2 cm dicken Halme erreichen in einem Sommer eine Höhe um 300 cm. Die Wuchsform ist straff aufrecht, wobei die breiten Blätter dekorativ bogig überhängen. Im Herbst verfärbt sich das Riesen-Chinaschilf leuchtend gelb. Danach trocknen die Halme ein und nehmen einen warmen, hellen Ockerton an. Die trockenen Triebe sind so stabil und standfest, dass sie den ganzen Winter überdauern und auch bei Schnee und Frost noch einen dekorativen und wirkungsvollen Sichtschutz darstellen. Der Rückschnitt der Halme erfolgt erst Ende März/Anfang April.

Da dieses Gras innerhalb kurzer Zeit eine große Masse aufbaut, hat es einen relativ hohen Nährstoffbedarf. Daher ist im Frühjahr eine großzügige Düngung mit Kompost oder einem organischen Volldünger empfehlenswert. Aufgrund seines relativ starken Ausbreitungsdranges, kann es – vor allem in kleineren Gärten – sinnvoll sein, eine Rhizomsperre zu setzen.

### SPEKTAKULÄR IM HERBST

Während *Miscanthus* x *giganteus* in unseren Breiten nur selten zur Blüte kommt, gibt es innerhalb der großen Gruppe von *Miscanthus sinensis* viele mittelhoch und hoch wachsende Sorten, die ab August/September ihre fedrigen Blütenrispen zeigen. Mit Wuchshöhen von 150 bis 250 cm erreichen sie nicht ganz die wuchtigen Ausmaße des Riesen-Chinaschilfs. Dafür handelt es sich bei diesen Sorten um horstbildende Gräser (also keine Gefahr des Wucherns). Es gibt eine große Bandbreite an unterschiedlichen Blattformen und -farben (schmal, breit, längs oder quer gestreift) sowie an Blütenformen und -farben. Außerdem zeichnen sich etliche dieser Sorten durch eine spektakuläre Herbstfärbung in gelben, orangefarbenen und roten Tönen aus.
Alle Sorten von *Miscanthus sinensis* bevorzugen einen sonnigen Standort. Sie gedeihen aber auch noch befriedigend an leicht halbschattigen Gartenplätzen. Zudem sind sie zuverlässig winterhart. Sie wachsen in jedem normalen, durchlässigen Gartenboden und haben einen mittleren Nährstoffbedarf. Das einzige, was sie nicht vertragen, sind schwere, verdichtete Böden und Staunässe.

**[a] FEUERWERK** *Miscanthus sinensis* 'Ghana' besticht durch seine leuchtend rote Herbstfärbung. Seine Blüten stehen straff aufrecht an langen Halmen, während sich die Blätter elegant bogig neigen.

**[b] HERBSTSTIMMUNG** Im Gegenlicht wirken die blühenden Horste des Chinaschilfs besonders beeindruckend. Hier die Sorte 'Silberfeder' mit silbrigen Blüten und einer warmen, gelben Herbstfärbung.

**[c] BLÜTENZAUBER** Die seidigen, roten Blütenstände von *Miscanthus sinensis* 'Malepartus' sind nicht zu übersehen. Vom Wind bewegt, bieten sie ein bezauberndes Schauspiel.

## GRASIGER SICHTSCHUTZ BIS 170 CM HÖHE

Folgende mittelhohe Sorten von *Miscanthus sinensis* (Gesamthöhe inklusive Blütenständen 160 bis 170 cm) sind sehr empfehlenswert:

**'Ferner Osten' und 'Flamingo'**
'Ferner Osten' ist eine attraktive Sorte mit roten Blütenständen und einem kräftigen Wuchs. 'Flamingo' schmückt sich mit zahlreichen rosafarbenen, grazil überhängenden Blüten. Zusätzlich zeigt diese Sorte ab Ende September eine prächtige gelb-orangefarbene Herbstfärbung.

**'Ghana'**
Die Sorte 'Ghana' wächst sehr straff aufrecht. Ihre Blätter hängen jedoch weich und bogig über, was zusammen eine ganz besondere Wuchsform ergibt. Die braunrote Blüte ist nicht so spektakulär, jedoch ist die leuchtend rote Herbstfärbung, die sich bereits ab Ende August zeigt, ein echter Hingucker.

**'Gracillimus' und 'Graziella'**
Hierbei handelt es sich um eine ältere Sorte, die in den Gärten schon weit verbreitet ist. Sie kommt bei uns nur in sehr warmen Sommern zur Blüte. Ihr eigentlicher Reiz besteht jedoch in den feinen, eleganten Blättern, die leicht überhängen und dem dichten Gräserhorst etwas sehr Zartes und Leichtes verleihen. Die dekorative, bronzefarbene Herbstfärbung ist ein weiterer Pluspunkt. Die Sorte 'Graziella' besitzt ebenfalls ein feines, elegant überhängendes Blatt. Zusätzlich kann diese Züchtung aber noch mit einer reichen und schönen, silbrig-weißen Blüte aufwarten.

## GRASIGER SICHTSCHUTZ BIS 280 CM HÖHE

Bei den hohen Sorten von *Miscanthus sinensis* (Gesamthöhe inklusive Blütenständen 180 bis 280 cm) sind folgende Züchtungen besonders empfehlenswert, da sie standfest, reich blühend und sehr dekorativ sind:

**'Große Fontäne' und 'Malepartus'**
'Große Fontäne' bildet hohe, ausladende Gräserhorste und erreicht eine Höhe bis 250 cm. Die zahlreichen, silbrig-rosa schimmernden Blütenstände verleihen diesem imposanten Riesengras im September und Oktober einen zusätzlichen Schmuck. 'Malepartus' ist mit einer Wuchshöhe um 200 cm etwas niedriger, wächst aber genauso buschig und imposant. Diese Sorte besticht durch seidig schimmernde, rote Blütenstände sowie die leuchtend orangerote Herbstfärbung.

**'Silberfeder'**
Bei der Sorte 'Silberfeder' handelt es sich um eine ältere Züchtung, die bereits weit verbreitet ist. Die silbrig-weiß schimmernden Blütenrispen erscheinen ab August in großer Zahl. 'Silberfeder' wächst aufrecht mit bogig überhängenden Blättern und wird etwa 200 cm hoch. Einen zusätzlichen Schmuck bildet ab September die leuchtend gelbe Herbstfärbung.

**'Silberturm'**
Ein wahrer Gigant unter den Sorten von *Miscanthus sinensis* ist 'Silberturm'. Mit einer Wuchshöhe von 250 bis 280 cm setzt dieses Staudengras beeindruckende Blickpunkte im Garten. Die zahlreichen silbrig-rosafarbenen Blütenstände erscheinen im Spätsommer an leicht bogig überhängenden Halmen.

**PFLANZENWAHL** **Um einen Überblick über das riesige *Miscanthus*-Sortiment zu bekommen und sich seine Favoriten herauszusuchen, ist es vorteilhaft, sich im September in gut sortierten Gartencentern und Staudenbetrieben umzuschauen. Da inzwischen viele Solitärgräser blühend im Großcontainer angeboten werden, kann man sich hier einen guten Überblick über die Wuchsform, Blattform sowie die Blütenfarbe und -form verschaffen.**

**[b] UNGEWÖHNLICH** *Cortaderia selloana* 'Rosea' ist mit ihren seidigen, rosafarbenen Blütenständen ein echter Blickfang im Garten.

**[c] SCHÖN KOMBINIERT** Mit blühenden Pampasgräsern und Stauden lassen sich zauberhafte Beete gestalten, die gleichzeitig als Blickschutz dienen. Hier eine harmonische Kombination mit Astern und Reitgras.

**[a] PRÄCHTIG** *Cortaderia selloana* bildet mächtige Gräserhorste mit zahlreichen, silbrig schimmernden Blütenständen.

# IMPOSANTE ERSCHEINUNG

## *Abgrenzung mit Pampasgras*

Wenige Gräser sind so bekannt und so beliebt wie das Pampasgras. Mit seinem hohen Wuchs und den riesigen, silbrig schimmernden Blütenfahnen ist es ohne Zweifel eine imposante Erscheinung.

### PFLANZENKAUF

Mit seinen dichten, hellgrünen bis silbrig-grünen Blattschöpfen lässt sich *Cortaderia selloana* gut als dekorative Abgrenzung verwenden. Die auffälligen Blütenstände erscheinen ab August und stellen im Garten einen echten Hingucker dar. Inzwischen gibt es zahlreiche Sorten dieses beliebten Grases, die sich vor allem in der Wuchsform und -höhe unterscheiden. Außerdem werden neben der bekannten silbrig-weißen Blütenfarbe auch Züchtungen mit rosafarbenen Blütenständen angeboten.

Beim Kauf eines Pampasgrases sollten Sie darauf achten, dass Sie vegetativ (also durch Teilung) vermehrte Sorten kaufen, denn nur diese blühen reich und sicher. Hingegen blühen Sämlinge von *Cortaderia* häufig erst nach vielen Jahren und dann manchmal nur sehr spärlich. Daher sind sie als Gartenpflanze nicht so empfehlenswert. Am sichersten ist es, Pampasgräser im August/September in Großcontainern zu kaufen, wenn sie schon einen oder mehrere Blütenstände zeigen. So lässt sich die Blütenform und -farbe auch am besten beurteilen. Allerdings sollte die Pflanzung nicht zu spät im Herbst (möglichst bis spätestens Mitte September) erfolgen, damit sich die Pampasgräser vor dem Winter noch gut in der Erde einwurzeln können.

### SCHÖNE SORTEN ZUM ABGRENZEN

Sehr empfehlenswert ist die Sorte 'Sunningdale Silver', deren Blütenhalme eine Höhe von bis zu 250 cm erreichen. Dieses Pampasgras bildet große, dichte Horste und ist daher besonders gut als Sichtschutz geeignet.

Die relativ bekannte Sorte 'Pumila' wächst wesentlich zierlicher und kommt auf maximal 150 cm Höhe. Sie blüht reich und zuverlässig und ist relativ robust.

*Cortaderia selloana* 'Rosea' besitzt große, rosafarbene Blütenrispen und wird etwa 200 cm hoch.

### PFLANZENPFLEGE IM WINTER

In milden Gebieten Deutschlands sind Pampasgräser zuverlässig winterhart. In Regionen mit rauerem Klima ist jedoch ein Winterschutz unbedingt empfehlenswert. Hierzu werden die Gräserhorste etwa Ende November zusammengebunden. Dann werden sie mit einer Stroh-, Bast- oder Kokosmatte umwickelt. Eine weitere gute Möglichkeit ist es, große Reisigzweige von Tanne oder Fichte um die Gräserhorste herumzustellen und mit eine Schnur festzubinden. Zusätzlich sollte der Boden mit einer dicken Laubschicht abgedeckt werden.

**[a] HERBSTFARBEN** *Calamagrostis* x *acutiflora* 'Karl Foerster' lässt sich im Garten vielseitig verwenden. Bereits ab August setzt seine weizenfarbene Herbstfärbung ein, die die Gräserhorste in der Sonne leuchten lässt. Gemeinsam mit herbstblühenden Stauden wie Astern wirkt es besonders schön.

**[b] STRUKTUR** Durch seinen straff aufrechten Wuchs steht *Calamagrostis* x *acutiflora* 'Karl Foerster' wie ein Ausrufezeichen im Beet. Mit dieser ausgesprochen standfesten Sorte lässt sich bei der Beetgestaltung die Vertikale betonen. Zudem braucht das vitale und robuste Staudengras wenig Raum und lässt sich gut als platzsparender Sichtschutz verwenden.

# AUFRECHT UND STANDFEST

## *Dekoratives Reitgras*

Das Reitgras wächst kerzengerade nach oben und wird nicht sehr breit. Es ist überaus standfest und bleibt den ganzen Winter über stabil und dekorativ. Ein weiterer Vorteil ist der zeitige Austrieb der Halme im Frühjahr.

Das Reitgras, *Calamagrostis,* ist weit weniger bekannt als das Chinaschilf und das Pampasgras. Es handelt sich hierbei um ein sommergrünes Staudengras, das durch seinen straff aufrechten Wuchs auffällt. Je nach Sorte erreicht es Wuchshöhen von 120 bis 150 cm.

### WIRKUNGSVOLL EINSETZEN

Alle Reitgräser lieben sonnige Standorte, gedeihen aber auch noch im lichten Schatten. Sie kommen mit jedem normalen Gartenboden zurecht, sind robust und zuverlässig frosthart. Da sie aufgrund ihrer schmalen, hohen Wuchsform nicht viel Platz benötigen, sind sie besonders für kleine Gärten uneingeschränkt zu empfehlen.
Ein Sichtschutz aus Reitgras und hohen Stauden wirkt sommerlich leicht, bunt und unbeschwert. Er lässt sich an einem sonnigen Standort leicht verwirklichen. Gute Gräserpartner sind beispielsweise Sonnenhut *(Rudbeckia nitida)*, Sonnenbraut *(Helenium)*, Dost *(Eupatorium)* und Herbst-Astern *(Aster novae-angliae* und *A. novi-belgii).*

Für die Gestaltung mit Reitgräsern gibt es noch viele weitere Möglichkeiten. So lassen sie sich aufgrund ihrer klaren Wuchsform gut für formale Gartenteile verwenden. Hier wirken sie, in exakten, geraden Reihen gepflanzt, raumbildend.
In naturnahen Bereichen lassen sich Reitgräser hervorragend mit Stauden und Zwiebelblumen kombinieren. Dabei werden sie einzeln oder in kleinen Gruppen wiederholt in die Beete eingestreut.

### SORTEN MIT SICHTSCHUTZFUNKTION

Die wichtigste Züchtung des Reitgrases ist *Calamagrostis* x *acutiflora* 'Karl Foerster'. Diese wertvolle Sorte wird etwa 150 cm hoch und blüht bereits ab Juli mit großen, aufrecht stehenden Blütenrispen. Relativ früh setzt die weizenfarbene Herbstfärbung ein.
In Kombination mit spät blühenden Stauden lassen sich mit dem Reitgras zauberhafte Herbstbilder gestalten.
*Calamagrostis* x *acutiflora* 'Overdam', das Gestreifte Reitgras, wächst etwas kompakter auf 120 cm Endhöhe. Seine feinen, zierlichen Blätter schmücken sich mit weißen Längsstreifen und sind besonders im Austrieb sehr auffällig. Ansonsten ist es genauso standfest und robust wie die Sorte 'Karl Foerster'.

MOBILE GRÄSERLANDSCHAFTEN

# IN TOPF UND KÜBEL

*Ein großes Plus von Pflanzen im Kübel ist die Flexibilität ihrer Aufstellung. Sie lassen sich immer wieder neu arrangieren, so dass über das Jahr viele unterschiedliche, reizvolle Kompositionen entstehen. Dabei können Gräser und Bambus mit ihrer lebendigen Ausstrahlung eine ganz eigene Rolle übernehmen.*

[a] **DIE MISCHUNG MACHT'S** Gräser lassen sich gut mit blühenden Stauden und Sommerblumen zu kleinen Gruppen zusammenstellen. Die Blumen bilden leuchtende Farbkleckse, während die Gräser mit ihrem filigranen Laub und den seidigen Blüten Struktur und Leichtigkeit beisteuern.

[b] **HOCHGESTELLT** In schmalen, hohen Töpfen wirken Gräser besonders auffallend und edel. Die Verwendung von Sorten, die sich in Farbe und Struktur deutlich unterscheiden, erzeugt Spannung und lässt die Topfgruppe interessant und lebendig erscheinen.

# SCHÖN UND VIELSEITIG

## *Der Einstieg zum eigenen Topfgarten*

Pflanzen im Kübel benötigen etwas mehr Pflege und Aufmerksamkeit, als wenn sie im Beet ausgepflanzt werden. Dafür sind die Gestaltungsmöglichkeiten mit Kübelpflanzen jedoch nahezu unbegrenzt.

### WARUM KÜBELPFLANZEN

Es gibt mehrere Gründe für die Kultur von Pflanzen in Töpfen und Kübeln. Zum einen kann es die mangelnde Frosthärte sein. Viele Arten und Sorten gedeihen ab Mai problemlos im Freien, vertragen aber unsere winterlichen Minusgrade nicht. Diese können dann im Winter in einem frostfreien Bereich überwintert und im Frühjahr wieder ins Freie geräumt werden.
Zum anderen gibt es viele Menschen, die zwar einen Balkon oder eine Terrasse zur Verfügung haben, jedoch keinen Garten. Hier lässt sich mit Töpfen und Kübeln ein mobiles Gartenparadies auf kleinstem Raum schaffen. In diesem Zusammenhang werden oft frostharte Pflanzen verwendet, die ganzjährig draußen bleiben können, was besonders bei großen und schweren Kübeln einen echten Vorteil darstellt. Zusätzlich können solche mobilen Gärten während der Sommersaison noch durch einjährige oder nicht frostharte Pflanzen ergänzt werden.
Schließlich gibt es auch noch die Menschen, die trotz eines Gartens dem Charme von Kübelpflanzen erlegen sind und an ausgewählten Plätzen zusätzlich Kübelpflanzen platzieren möchten.

### PFLEGE IN TOPF UND KÜBEL

Eines sollte man sich vor dem Anlegen eines Topfgartens bewusst sein: Kübelpflanzen brauchen mehr Pflege als frei im Garten ausgepflanzte. Ihr Wurzelraum ist begrenzt und sie haben keine Möglichkeit, an Wasser oder Nährstoffe heranzukommen, wenn wir sie ihnen nicht zur Verfügung stellen. Zwar sind beispielsweise Steppengräser wie das Federgras sehr genügsam in der Wasserversorgung, aber ein Minimum an Zuwendung benötigen selbst die robustesten Pflanzen. Bei hohen Solitärpflanzen (Pflanzen, die besonders schön wirken, wenn man ihnen einen Einzelplatz gibt) wie Bambus, die eine große Blattmasse besitzen, kann an einem heißen, windigen Sommertag das tägliche Gießen existentiell sein. Dafür bieten Topfgärten den Vorteil, dass sie immer wieder neu gestaltet werden können. Die einzelnen Arten rücken, wenn sie durch Austrieb, Blüte oder Herbstfärbung besonders attraktiv sind, in den Vordergrund. In Kombination mit farblich abgestimmten Pflanzgefäßen und Accessoires sind dem kreativen Spiel mit Form und Farbe keine Grenzen gesetzt.

**SELBSTVERSORGER** **Bei heißem, windigen Wetter ist es oft schwierig, voll durchwurzelte Pflanzen mit genügend Wasser zu versorgen. Hier kann es sinnvoll sein, die Töpfe in große Untersetzer zu stellen. Das Gießwasser sammelt sich im Untersetzer und wird nach und nach von der Erde aufgenommen. In kühlen, regnerischen Phasen werden die Untersetzer wieder entfernt.**

**[c] DIE BASIS FÜR WACHSTUM** Das Pflanzsubstrat sollte hochwertig und strukturstabil sein, so dass es über mehrere Jahre ein gutes Wachstum der Pflanze sicherstellt. Zusätze von Sand oder Blähton machen die Erde magerer und wasserdurchlässiger.

**[a] TONSCHERBEN** Für die meisten Gräser ist Staunässe tödlich. Um einen guten Wasserabzug zu gewährleisten, werden Tonscherben auf die Abzugslöcher gelegt.

**[b] KIESDRAINAGE** Eine Schicht aus grobem Kies sorgt ebenfalls für einen guten Wasserabzug und erhöht durch das große Eigengewicht zudem die Standfestigkeit leichter Gefäße. Bei kleinen Töpfen reichen Tonscherben aus.

# GUTE VORAUSSETZUNGEN *für Topfgräser*

Bevor Töpfe und Kübel bepflanzt werden können, müssen optimale Voraussetzungen zur Wasser- und Nährstoffversorgung gegeben sein. Dann erst dürfen Gräser und Bambus in ihr Pflanzenquartier einziehen.

## FÜR OPTIMALEN WASSERABFLUSS SORGEN

Egal, aus welchem Material der Kübel beschaffen ist, wichtig sind auf jeden Fall Löcher im Boden, damit überschüssiges Wasser ungehindert ablaufen kann. Staunässe ist für fast alle Pflanzen – mit Ausnahme von Sumpfpflanzen – tödlich. Es empfiehlt sich, die Abzugslöcher auf dem Topfboden mit Tonscherben abzudecken. Hierfür kann man am kostengünstigsten und einfachsten einige alte Tontöpfe mit dem Hammer zerschlagen. Am besten legt man die Scherben so, dass sie leicht nach oben gewölbt sind. Auf diese Weise wird verhindert, dass sich die Löcher im Laufe der Zeit mit Erde zusetzen. Bei größeren Kübeln ist es sinnvoll, als unterste Schicht eine Lage Kies oder Blähton einzufüllen. Hierauf wird ein wasserdurchlässiges Vlies gelegt. Auf diese Weise verhindert man, dass das Substrat in die Drainageschicht eingespült wird. Somit ist auch noch nach vielen Jahren ein guter Wasserabzug gewährleistet.

## DAS RICHTIGE SUBSTRAT WÄHLEN

Damit Gräser über viele Jahre gut im Kübel gedeihen, sind die Qualität und die Zusammensetzung des Substrates ganz entscheidend. Billige Blumenerden bestehen meist zu 100 % aus Schwarztorf. Dieser hat den Nachteil, dass er im Laufe der Zeit verklebt und sich verdichtet und somit nicht mehr genug Poren für Luft bietet. Hochwertiger sind Substrate aus Weißtorf. Diese sind strukturstabiler und bieten den Pflanzen über viele Jahre hinweg eine gute Wachstumsgrundlage. Bei hochwertigen Substraten sind häufig noch weitere Anteile wie Tonminerale und Kompost zugemischt.

Vor der Pflanzung ist es sinnvoll, sich die gewünschten Bodenbedingungen der ausgewählten Gräser anzuschauen. Viele Gräser bevorzugen einen mageren, durchlässigen Boden. In diesem Fall ist es sinnvoll, Sand, feinen Splitt oder sandige Gartenerde zuzumischen, um ein gutes Gedeihen dieser Gräser zu ermöglichen. Für Bambus, Chinaschilf und Pampasgras sollte das Substrat etwas nährstoffreicher sein. Hier leistet eine Kübelpflanzenerde mit Tonanteilen und Kompost gute Dienste. Wichtig ist es, nicht am Substrat zu sparen. Schließlich ist die Erde die Basis für das gute Wachstum der Pflanzen, und es ist sehr ärgerlich, wenn eine wertvolle Pflanze, wie beispielsweise ein Bambus, durch ein minderwertiges Substrat Schaden nimmt. Schauen Sie sich auf jeden Fall genau die Zutatenliste auf der Rückseite der Substratsäcke an (die einzelnen Bestandteile müssen auf der Verpackung deklariert werden) und lassen Sie sich nicht durch wohlklingende Bezeichnungen irreführen. Ein gutes Substrat hat seinen Preis – dafür sind die Pflanzen dann auch für mehrere Jahre optimal versorgt.

**[a] FRÜHJAHRSPUTZ** Im Frühling werden alle sommergrünen Staudengräser mit einer scharfen Gartenschere bodennah zurückgeschnitten. Bei den immergrünen Gräsern genügt es, trockene und abgestorbene Pflanzenteile zu entfernen. Sollten sie stark geschädigt sein, kann auch hier ein kompletter Rückschnitt erfolgen.

**[b] HARMONISCHER DREIKLANG** Einjährige Gräser lassen sich gut mit Sommerblumen kombinieren. Hier ist ein hübsches Dreigespann aus dem Hasenschwanzgras, einer kompakten Margerite und den silbrigen, überhängenden Trieben des Hornklees zusammen gepflanzt. Am besten harmonieren Arten, die ähnliche Ansprüche an Standort, Bodenfeuchte und Substrat haben.

## AUSREICHEND NÄHRSTOFFE BIETEN

Der Großteil aller Gräser hat keinen hohen Nährstoffbedarf. Insbesondere Steppengräser und alle Arten, die für Steingärten geeignet sind, bevorzugen einen mageren, sandigen Boden, also ein Substrat, das von Natur aus geringe Nährstoffgehalte besitzt. Dennoch unterscheidet sich eine Kultur im Kübel grundlegend von einer Anpflanzung im Beet. Im Topf ist der Wurzelraum sehr begrenzt. Die Pflanze kann also nicht wie die Freilandpflanze auf der Suche nach Wasser und Nährstoffen ihre Wurzeln tiefer oder weiter im Boden ausbreiten. Durch die jährliche Bildung von Blättern, Halmen und Blüten entzieht das Gras aber dem Substrat fortlaufend Nährstoffe. Wenn über einen längeren Zeitraum keine Nährstoffe zugeführt werden, kommt es zu einem Mangel, der sich in verringertem Wachstum und schlechterer Blütenbildung äußert. Daher ist es unumgänglich, Kübelpflanzen regelmäßig mit Dünger zu versorgen.

## WELCHEN DÜNGER VERWENDEN?

Die Düngerversorgung sollte in der Wachstumsphase geschehen, also dann, wenn die Pflanzen die Nährstoffe brauchen. Es hat sich bewährt, bei Kübelpflanzen mit Langzeitdüngern zu arbeiten. Hierbei werden die Nährstoffe über einen längeren Zeitraum nach und nach freigesetzt. So stehen der Pflanze stets genügend Nährstoffe zur Verfügung. Langzeitdünger gibt es mit unterschiedlichen Laufzeiten. Empfehlenswert für Gräser sind Laufzeiten von fünf bis sechs Monaten. Im März/April ausgebracht, hält die Nährstoffversorgung dann bis August/September an. Somit ist die Pflanze während ihrer gesamten Vegetationsperiode gut versorgt. Bei Düngern mit kürzeren Laufzeiten von zwei bis drei Monaten, wird die Düngung auf zwei Düngergaben im März/April und Mai/Juni verteilt. Werden Pflanzen in ein frisches Substrat getopft, so sollte im ersten Jahr keine zusätzliche Düngergabe erfolgen. Gute Erden enthalten einen Vorrat an Nährstoffen, der für eine komplette Vegetationsperiode ausreicht.

Es ist übrigens keinesfalls notwendig, einen „Gräser-Spezialdünger“ oder einen „Bambus-Spezialdünger“ zu kaufen. Prinzipiell benötigen alle Pflanzen dieselben Hauptnährstoffe: Stickstoff (N), Phosphor (P) und Kalium (K). Zusätzlich sind in kleineren Mengen Magnesium (Mg) und einige Spurenelemente notwendig. Ein guter Volldünger kann also sowohl für Zimmerpflanzen und Balkonblumen als auch für Kübelpflanzen und somit auch für Gräser und Bambus im Kübel verwendet werden. Die genaue Zusammensetzung und Hinweise zur Dosierung des Düngers finden Sie auf der Rückseite der Verpackung.

## DÜNGERPAUSE IM WINTER

Ab September sollte bei Gräsern und Bambus keine Düngung mehr erfolgen, da die Pflanzen dann das Wachstum einstellen und allmählich in die Winterruhe übergehen. Bei sommergrünen Gräsern vergilbt das Laub und wird trocken. Immergrüne Gräser bleiben den Winter über zwar grün, aber auch hier wird das Wachstum im Herbst eingestellt und die Pflanze benötigt keine zusätzlichen Nährstoffe. Der frische Austrieb und somit ein höherer Nährstoffbedarf stellen sich erst wieder im Frühjahr ein.

[a]

[b]

[a] DEM WINTER TROTZEN Dieser Bambus überwintert wohlbehalten in einer windgeschützten Nische. Zusätzlich wurde der Topf dick mit Sackleinen umwickelt und die Triebe werden mit einer Schilfmatte vor kalten Ostwinden geschützt.

[b] QUARTIERWECHSEL Offene, ungeschützte Terrassen sind zur Überwinterung von Bambus im Kübel ungeeignet. Daher sollte Topfbambus vor den ersten starken Frösten an einen windgeschützten Platz in Hausnähe gebracht werden. Beim Transport leistet eine Sackkarre gute Dienste.

# ÜBERWINTERN
## *Tipps und Tricks*

Frostharte Gräser und Bambus können grundsätzlich draußen überwintert werden. Jedoch gilt es auch hier, einige grundlegende Punkte zu beachten, damit die Pflanzen und die Töpfe den Winter schadlos überstehen.

### FROSTBESTÄNDIGE GEFÄSSE

Als Erstes sollten die Gefäße frostbeständig sein. Ein guter Wasserabzug ist nicht nur während der Vegetationszeit, sondern auch im Winter wichtig, damit sich das Wasser nicht im unteren Teil sammelt und durch die Bildung von Eis den Topf sprengt. Im Vergleich zu Pflanzen im Beet haben Kübelpflanzen den Nachteil, dass der Frost von allen Seiten in den Topf eindringt. Der Wurzelballen ist also wesentlich ungeschützter als bei einer Beetpflanze, wo die Erde ganz allmählich von der Oberfläche zufriert und der Frost oft nur wenige Zentimeter in den Boden hineinreicht.

### GEFÄSSE UMWICKELN

In rauen Gegenden ist es daher sinnvoll, Gefäße mit einem isolierenden Material zu umwickeln. Hierfür wird im Handel ein dickes Wintervlies angeboten. Aber auch Sackleinen oder Kokosmatten sind gut geeignet. Grundsätzlich kommt auch Noppenfolie in Frage. Wenn die Optik der Plastikfolie stört, kann man sie mit einer Sackleinenschicht verdecken. Wichtig ist es in jedem Fall, die Abzugslöcher frei zu lassen und sie nicht mit der Noppenfolie abzudichten. Ton- und Keramiktöpfe können zusätzlich auf Holzleisten, Steine oder spezielle Füße gestellt werden, damit sie nicht auf dem Boden festfrieren und folglich Teile im unteren Bereich abplatzen.

### AN GESCHÜTZTEN STELLEN AUFSTELLEN

Es ist vorteilhaft, Kübelpflanzen im Winter nicht auf der freien Fläche stehen zu lassen, sondern sie in geschütztere Bereiche, beispielsweise direkt an die Hauswand, zu rücken. Zum einen strahlen die Wände häufig etwas Wärme ab, was durchaus Temperaturdifferenzen von 1 bis 2 °C ausmachen kann. Zum anderen schützen sie die Pflanzen vor austrocknenden Winden. Hierbei ist der Schutz vor Ostwind besonders wichtig.

**IM FRÜHJAHR GEDULD** **Viele Gräser treiben im Frühjahr spät aus – manche erst Ende April. Sie sollten also die vermeintlich erfrorenen Kübelpflanzen nicht zu früh entsorgen. Auch geschädigte Bambushalme regenerieren sich im April/Mai oft wieder, also nicht zu früh abschneiden. Wenn bis Ende Mai kein neuer Austrieb erscheint, kann der Rückschnitt immer noch erfolgen.**

[a] GUT EINGEWICKELT Sind Gräser, wie beispielsweise Pampasgras, nicht zuverlässig winterhart, bindet man im Spätherbst die Blatthorste zusammen und umwickelt diese mit einer Schilfmatte, Sackleinen oder Tannenreisig. Das Zusammenbinden schützt die Pflanzen zudem vor Fäulnis durch Winternässe.

[b] GUT VERPACKT Bei Kübelpflanzen besteht die Gefahr, dass die Ballen von allen Seiten durchfrieren und die Wurzeln Schaden nehmen. Ein Umwickeln der Töpfe mit Sackleinen, Schilfmatten oder Vlies verringert starke Temperaturschwankungen sowie extreme Minusgrade im Topfballen und schützt so die Wurzeln.

## WASSERVERLUSTE REDUZIEREN

Bei Frostschäden an Pflanzen handelt es sich meist um Trockenschäden. Ist der Boden/das Substrat hart gefroren, steht den Pflanzenwurzeln kein Wasser mehr zur Verfügung. Durch Sonneneinstrahlung und Wind verdunstet die Pflanze aber auch im Winter größere Wassermengen. Das trifft besonders auf immergrüne Pflanzen zu, also auch auf immergrüne Gräser und Bambus. Beispielsweise zeigt Bambus im Winter sehr deutlich einen Wassermangel an, indem er seine Blätter einrollt. Das ist eine Schutzmaßnahme der Pflanze. Durch das Einrollen, also die Verkleinerung der Blattoberfläche, wird die Verdunstung über die Blätter deutlich verringert. Frostschutz bedeutet also primär Schutz vor Wintersonne und Wind.

## ABDECKEN EMPFOHLEN

Immergrüne Gräser im Topf sollten in rauen Lagen mit Tannen- oder Fichtenreisig abgedeckt werden. Somit wird der Wasserverlust durch Wind und Sonneneinstrahlung erheblich reduziert. Pampasgras bindet man mit einer Schnur zusammen und umwickelt den Gräserhorst mit einer Kokosmatte oder mit einem Vlies. Bambus im Kübel platziert man am besten so, dass sie vor Wind und starker Sonneneinstrahlung geschützt sind. Besonders dem winterlichen Ostwind sollten sie nicht ausgesetzt sein. Westwinde sind nicht so gefährlich, da sie mildere Temperaturen und mehr Feuchtigkeit mitbringen. In rauen Lagen können Bambuspflanzen ebenfalls mit einer Schnur zusammengebunden und zusätzlich mit einer Bastmatte oder Reisigzweigen von außen geschützt werden. Wichtig ist, dass das Material so luftdurchlässig ist, dass keine Schimmelpilze entstehen. Plastikfolie, auch Noppenfolie, ist also zum Umwickeln der Pflanzen absolut ungeeignet. Bei sommergrünen Staudengräsern wie Chinaschilf und dem Lampenputzergras reicht es aus, die Wurzelballen durch Umwickeln der Töpfe zu schützen. Die oberirdischen Teile (also Halme, Blätter und Blüten) sterben über den Winter ohnehin ab und die Pflanze treibt im Frühjahr aus dem Wurzelballen erneut aus.

## AUCH IM WINTER GIESSEN

Um eine kontinuierliche Wasserversorgung der Kübelpflanzen über den Winter sicher zu stellen, ist es wichtig, in frostfreien Zeiten zu prüfen, ob die Ballen trocken sind. Gegebenenfalls muss durchdringend gegossen werden. Bei Frost hat das Gießen keinen Sinn, da das Wasser friert, bevor es bei den Wurzeln angekommen ist. Vom Gießen mit warmem Wasser ist bei Frost unbedingt abzuraten, da die abrupten Temperaturwechsel den Wurzeln schaden und sie zum Absterben bringen können.

**[a] CHARAKTERKÖPFE** Der berühmte Satz des Bornimer Staudenzüchters Karl Foerster „Gras ist das Haar der Mutter Erde“ wurde hier auf originelle Weise neu interpretiert.

**[b] SIGNALFARBE** Das Blutgras, *Imparata cylindrica* 'Red Baron', bildet im Topf mit der Zeit dichte Gräserhorste. Das leuchtende Scharlachrot seiner Blätter macht es zum unübersehbaren Hingucker.

**[c] KLARE LINIEN – KLARE FARBEN** In der modernen Gestaltung macht das Blutgras eine gute Figur und ist vielseitig einsetzbar. Das Rot der Pflanzgefäße betont seine außergewöhnliche Blattfarbe. Die klaren Linien der Gefäße und der Terrasse unterstreichen den formalen Stil.

# DIE TOPF-WAHL

## *Für jedes Gras der Richtige*

Die Töpfe sollten im Stil und in der Größe zu den Pflanzen passen. Bei der Größe ist darauf zu achten, dass die Wurzeln genug Platz haben, um sich zumindest für einige Jahre entfalten zu können.

Da es etwas mühsam ist, Kübelpflanzen jedes Jahr immer wieder umzutopfen, sollten Sie die Kübel lieber etwas größer wählen. Das hat auch den Vorteil, dass im Substrat mehr Wasser gespeichert wird und Sie nicht ganz so häufig gießen müssen.

### GROSSE VIELFALT

Die Auswahl des Materials ist eine Frage des persönlichen Geschmacks und natürlich auch des Budgets. Darüber hinaus gibt es beim Material einige grundsätzliche Unterschiede zu beachten:

**Kunststoffgefäße**
Sie haben den Vorteil, dass sie sehr leicht und trotzdem stabil und beständig sind. Der Gewichtsvorteil macht sich vor allem bei großen Gefäßen bemerkbar. Einfache Kunststoffkübel sind schon für wenig Geld zu bekommen und daher auch für den kleinen Geldbeutel erschwinglich. Ein weiterer Vorteil ist ihre Frostbeständigkeit. Ein kleiner Nachteil ist die geringere Standfestigkeit. Neben den einfachen Ausführungen gibt es auch hochwertige Kunststoffgefäße, ihr Design lässt inzwischen keine Wünsche mehr offen, sowohl was die Farbauswahl als auch Formen und Oberflächen angeht. Jedoch muss man für sie auch tiefer in den Geldbeutel greifen.

**Einfache Tontöpfe**
Sie sehen gut aus und sind preisgünstig. Leider sind sie nicht zuverlässig frosthart. Die Topfwände nehmen Wasser auf, so dass bei Minustemperaturen Risse und Abplatzungen auftreten können. Mit etwas Glück und einem guten Wasserabzug halten sie aber dennoch meist einige Jahre durch.

**Töpfe aus Terracotta**
Zuverlässig frosthart ist die echte, schwere Terracotta-Ware aus Italien (Impruneta). Diese wertvollen Gefäße werden aus einem speziellen Ton geformt und bei sehr hohen Temperaturen gebrannt. Dadurch schließen sich die Oberflächen, so dass der Topf keine Feuchtigkeit aufnimmt und Frostzeiten problemlos übersteht. Der Kauf größerer Impruneta-Gefäße ist schon eine echte Investition. Dafür halten diese hochwertigen Töpfe viele Jahrzehnte und sind in ihrem rustikalen Charme kaum zu überbieten.

**Glasierte Tongefäße**
Sehr attraktiv für Bambus und Gräser sind asiatische Steingutgefäße. Diese werden mit einer Vielzahl farbiger Glasuren angeboten. Auch bei den Formen gibt es eine große Auswahl, sowohl was runde als auch eckige Varianten angeht. Ein Großteil dieser Töpfe ist zuverlässig frosthart. Im Preis liegen sie meist deutlich unter der Impruneta-Ware, so dass sie eine echte Alternative darstellen.

**[a] STILECHT DEKORIERT** Ein mächtiger Bambus im asiatischen Pflanzgefäß dominiert die Terrasse. Zusammen mit der Bambusmatte im Hintergrund und der Gestaltung mit Felsen und Kies entsteht ein harmonischer Ort zum Wohlfühlen.

**[b] KLEIN ABER FEIN** Der Zwergbambus, *Pleioblastus pygmaeus*, ist mit seinem kompakten, gleichmäßigen Wuchs eine ideale Kübelpflanze. Im Gefäß besteht auch nicht das Risiko, dass seine Ausläufer durch den ganzen Garten wandern.

# BAMBUS IM TOPF

## *Von rustikal bis edel*

Bambus aus der Gattung *Fargesia* sind ideale Kübelpflanzen. Mit einer Wuchshöhe von 200 bis 350 cm ist ihr Wachstum überschaubar, sie sind robust, relativ raschwüchsig und zuverlässig winterhart.

### VIELSEITIG AUCH IM TOPF

Bambushalme sind biegsam und elastisch und bewegen sich schon bei leichtem Wind. Dadurch wirken sie trotz ihres dichten Laubwerks immer auch dynamisch und lebendig – ganz anders als beispielsweise eine Konifere oder ein Kirschlorbeer. Und das leise Rascheln von Bambusblättern im Wind ist eine wahre Wohltat für die Ohren. Fargesien können sowohl an sonnigen als auch an halbschattigen Standorten platziert werden. Da alle Bambuspflanzen eine große Blattmasse besitzen, haben sie – besonders an heißen und windigen Tagen – einen hohen Wasserbedarf. Durch Einrollen der Blätter zeigt der Bambus deutlich, wenn er durstig ist.

Mit ihrer dichten und vieltriebigen Wuchsform bieten Fargesien einen wirkungsvollen Sichtschutz. Da Bambus immergrün ist, bleibt die Sichtschutzwirkung sogar im Herbst und Winter bestehen. Mit dem passenden Gefäß kombiniert wird die einzelne Bambuspflanze zum echten Hingucker. Sehr edel wirkt Bambus in glasierten Tongefäßen im asiatischen Stil. In rustikalen Terracottakübeln besitzt Bambus eine natürliche Ausstrahlung.

### 'ASIAN WONDER': KONTRAST IN ROT-GRÜN

Ein sehr hübscher und zierlicher Bambus ist *Fargesia sabrida* 'Asian Wonder'. Diese Sorte erreicht eine Höhe von 200 bis 250 cm und bildet eine Vielzahl feiner Halme mit eleganten, schmalen Blättern. Im Austrieb sind die Halme rötlich, was einen sehr schönen Kontrast zu dem blaugrünen Laub ergibt.

### 'STANDING STONE' FÜR GROSSE GEFÄSSE

*Fargesia murielae* 'Standing Stone' bildet kräftige, aufrechte Horste von 300 bis 400 cm Höhe. Mit seinen dicken Halmen und dem großen Blatt ist er die ideale Sichtschutzpflanze für große Gefäße. Im Austrieb sind die jungen Halme weiß bereift, was sie besonders attraktiv macht.

### 'SIMBA' FÜR HALBSCHATTIGE PLÄTZE

*Fargesia murielae* 'Simba' wächst insgesamt zierlicher und wird nur 200 bis 250 cm hoch. Besonders kennzeichnend für diese Sorte ist ihr bogenförmig überhängender Wuchs. Im Gegensatz zu den vorher genannten Sorten verträgt 'Simba' keine vollsonnigen Standorte und gedeiht am besten in halbschattigen oder absonnigen Bereichen. Die Bezeichnung absonnig meint Lagen ohne direkte Sonneneinstrahlung, die aber trotzdem hell sind.

[b] IMPOSANTES SOLITÄRGRAS *Miscanthus sinensis* 'Zebrinus' entwickelt sich nach einigen Jahren zu einer beeindruckenden Gräsergestalt von fast 200 cm Höhe. Sein lebhaft gelb gestreiftes Laub hängt leicht bogig über. Das Zebraschilf ist vital und frosthart und lässt sich vielseitig im Beet und in Pflanzgefäßen einsetzen.

[a] GRAS IN SERIE Hier wird das Auge durch die Wiederholung angesprochen. Die Japan-Gold-Segge macht im Topf ohnehin eine gute Figur, da sie unkompliziert und robust und zudem noch lebhaft gefärbt und immergrün ist.

# STAUDENGRÄSER

## *Highlights von Frühling bis Winter*

Prinzipiell sind alle mehrjährigen Gräser (Staudengräser) auch für eine Pflanzung in Topf und Kübel geeignet. Das Sortiment reicht von niedrigen Polstergräsern wie dem Blau-Schwingel bis zu den über 200 cm hohen Sorten des Chinaschilfs.

### DER RICHTIGE PLATZ

Wichtig ist, die Bedingungen so zu gestalten, dass die Gräser über viele Jahre gut wachsen und gedeihen können. So sind für Steppengräser und Arten aus dem Steingartenbereich ein sonniger Standort und durchlässige, magere Erde überlebenswichtig. Solitärgräser wie Chinaschilf und Pampasgras brauchen große Pflanzgefäße und etwas nährstoffreicheres Substrat. Auch sollte man bedenken, dass viele sommergrüne Gräser im Frühling noch nicht so attraktiv aussehen, da sie meist erst im April beginnen auszutreiben. Hier kann es sinnvoll sein, die Töpfe erst einmal im Hintergrund zu platzieren, um sie dann mit voll entwickelten Blättern oder beginnender Blüte wieder in den Blickpunkt zu rücken.

### IMMERGRÜNE: DEKORATIV DAS GANZE JAHR

Immergrüne Gräser sehen hingegen das ganze Jahr attraktiv aus. So können beispielsweise alle immergrünen Seggen-Sorten *(Carex)* problemlos in Töpfen kultiviert werden. Die Seggen haben den Vorteil, dass sie auch noch im vollen Schatten problemlos gedeihen. Mit ihren weißbunten bzw. gelbbunten Blättern setzen sie lebhafte Farbakzente. Zudem sind sie zuverlässig frosthart und insgesamt sehr anspruchslos und robust.
Auch die kompakt wachsende Zwerg-Marbel, *Luzula pilosa* 'Igel', lässt sich problemlos und dauerhaft im Topf kultivieren. Sie besitzt breite, immergrüne Blätter und wird nur 15 cm hoch.
Im Frühjahr lassen sich gelungene Kombinationen aus immergrünen Gräsern und Zwiebelblumen schaffen. So harmoniert *Carex oshimensis* 'Evergold' mit ihren breiten, cremegelben Streifen wundervoll zu der kleinblumigen, gelben Narzissen-Sorte 'Tête-à-Tête'. *Luzula pilosa* 'Igel' wirkt mit Schneeglöckchen und Märzenbechern besonders schön. Sonnenliebende, immergrüne Gräser wie Blau-Schwingel und Schillergras bekommen im Frühling beste Gesellschaft durch Blausternchen, Krokus und Zwiebeliris. Für solche Kombinationen aus Gräsern und Zwiebelblumen sind größere Schalen, Kästen und Steintröge bestens geeignet.

**WIRKUNGSVOLLE GRUPPEN** **Topfgräser erzielen die beste Wirkung, wenn sie nicht einzeln, sondern in kleinen Gruppen aufgestellt werden. Hierzu können beispielsweise drei in der Größe gestaffelte Gefäße eines Materials mit einem Schwingel (klein), einem Lampenputzergras (mittelgroß) und einem Chinaschilf (groß) bepflanzt werden. Oder man nimmt drei identische Töpfe und bepflanzt sie mit verschieden farbigen Gräsern wie Blau-Schwingel, Blutgras und *Carex oshimensis* 'Evergold'.**

[a] SCHÖN VERPACKT Das Blutgras kommt auch in glasierten Steingutgefäßen gut zur Geltung. Diese haben zudem den Vorteil, dass sie in der Regel winterfest sind. Da sie mit einer großen Auswahl farbiger Glasuren angeboten werden, gibt es für jede Topfinszenierung den passenden Farbton.

[b] HOCHGESTELLT Mit seinem weich überhängenden Wuchs wirkt das Japanische Berggras in hohen Pflanzgefäßen sehr edel. Es liebt halbschattige Bereiche und lässt sich gut mit Funkien kombinieren. Inzwischen gibt es viele Züchtungen mit unterschiedlich gefärbtem Laub, die alle ihren Reiz haben.

## STARS IM SOMMER UND HERBST

Bei den sommergrünen Gräsern sind prinzipiell fast alle Arten und Sorten auch für eine Pflanzung in Topf und Kübel geeignet. Hier ist allerdings zu beachten, dass der optische Höhepunkt eindeutig im Sommer und Herbst liegt. Im Frühling und Frühsommer ist mit den zurückgeschnittenen oder eben frisch austreibenden Gräsern noch kein Staat zu machen. Bei größeren Pflanzgefäßen sollte man daher auf eine attraktive Mix-Bepflanzung mit immergrünen Gehölzen, Stauden und Zwiebelblumen achten, so dass die Kübel vom Frühjahr bis zum Winter stets etwas zu bieten haben (siehe auch Kapitel Sommer bis Frühling ab Seite 116). Bei kleineren Gefäßen hat man im Topfgarten immer die Möglichkeit, die Pflanzen, die gerade besonders attraktiv sind, nach vorne zu rücken. Die zurückgeschnittenen Gräser verschwinden also im März in die hintere Reihe, um im Sommer mit ihren grazilen Blättern und Blüten wieder eine Hauptrolle zu spielen.

**Chinaschilf: passend für jeden Topf**

Alle Sorten des Chinaschilfs, *Miscanthus sinensis*, wirken auch im Topf fantastisch und sind uneingeschränkt empfehlenswert. Durch die große Sortenvielfalt und die unterschiedlichen Wuchshöhen findet sich für jeden Topf das passende Chinaschilf. Mit seinen seidigen Blütenständen und der bei vielen Sorten ausgeprägten Herbstfärbung setzt das Chinaschilf über viele Monate markante Blickpunkte.

**Japanisches Berggras für hohe Töpfe**

Durch seine weich überhängende Wuchsform wirkt das Japanische Berggras, *Hakonechloa macra,* als Kübelpflanze ganz besonders dekorativ. Die Art besitzt grünes Laub und eine schöne, gelbe Herbstfärbung. Mit ihren leuchtend gelbgrün gestreiften Blättern und ihrer rötlichen Herbstfärbung ist die Sorte 'Aureola' besonders auffällig und empfehlenswert. Diese Sorte ist schon einige Jahre auf dem Markt und wird zunehmend bekannter und beliebter. Bei der Neuzüchtung 'Naomi' ist die rote Herbstfärbung sogar noch etwas ausgeprägter. Sehr edel ist schließlich *Hakonechloa macra* 'Albostriata' mit ihren elegant überhängenden, cremeweiß gestreiften Blättern. Durch ihren überhängenden Wuchs wirken alle Sorten des Japanischen Berggrases in hohen Töpfen besonders schön. Sehr gut passen sie zu glasierten, asiatischen Steingutgefäßen. Hier lassen sich mit den farbigen Blättern starke Farbkontraste oder harmonische Ton-in-Ton-Kombinationen schaffen.

**Lampenputzergras: frosthart auch im Topf**

Auch die beliebten Lampenputzergräser, *Pennisetum*, kommen im Topf gut zur Geltung. Hier gibt es zum einen die frostharten, mehrjährigen Sorten wie *Pennisetum alopecuroides* 'Compressum', 'Hameln', 'Little Bunny' und 'Moudry'. Aber auch die nicht winterharten, einjährigen Sorten wie *Pennisetum setaceum* 'Rubrum' und 'Fireworks' setzen mit ihren auffällig gefärbten Blättern und Blütenständen im Sommer und Herbst fantastische Blickpunkte im Topfgarten.

[b] **STILVOLLE BEGRÜSSUNG** Für die ansprechende Gestaltung von Eingangsbereichen kann Bambus die richtige Wahl sein – vorausgesetzt, es ist genügend Platz vorhanden. Im kugeligen Terracottagefäß wirkt dieser breitblättrige *Pseudosasa* besonders schön. Er bevorzugt halbschattige bis schattige Standorte.

[a] **WOHLFÜHLOASE** Dieser einladende Terrassenplatz strahlt schon fast eine tropische Atmosphäre aus. Verschiedene Bambus-Arten mit unterschiedlichen Wuchshöhen *(Fargesia*, *Sasa pumila* und *Sasa tsuboiana)* wurden hier gekonnt in Szene gesetzt.

# WILDE GESELLEN

## *Gebändigter Ausbreitungsdrang*

Viele ausläufertreibende Gräser und Bambus sind gut für die Pflanzung in Topf und Kübel geeignet. Hier muss man sich keine Sorgen über den Ausbreitungsdrang dieser Arten machen.

### GIGANTEN IM TOPF

Als Gigant unter den Kübelpflanzen ist hier das Riesen-Chinaschilf, *Miscanthus* x *giganteus* 'Aksel Olsen' zu nennen. Aufgrund seiner Wuchsfreudigkeit benötigt es einen großen Kübel und nahrhafte Erde. Da es sehr schnell hoch und dicht wird, ist es gut als Sichtschutz verwendbar.

### MIT ROBUSTHEIT GLÄNZEN

Das Glanzgras, *Phalaris arundinacea* 'Picta', wird durch seinen starken Ausbreitungsdrang im Garten schnell lästig. Im Topf wirkt dieses Gras mit seinen lebhaft grünweiß gestreiften Blättern ausgesprochen dekorativ. Es erreicht eine Höhe von 100 cm und ist ausgesprochen vital und robust.

### WUCHSFREUDIGE BAMBUS-ARTEN

Auch etliche ausläuferbildende Bambus werden bei einer Pflanzung im Kübel automatisch gezähmt. Hier sind zum einen die niedrig und halbhoch wachsenden Arten und Sorten von *Pleioblastus* zu nennen. Aber auch der bis zu 300 cm hoch werdende *Pseudosasa* mit seinen großflächigen, dekorativen Blättern lässt sich gut in großen Kübeln kultivieren. Er bevorzugt halbschattige Standorte, gedeiht aber auch noch im tiefen Schatten.

Schließlich sind auch viele Arten und Sorten von *Phyllostachys* auffällige und elegante Kübelpflanzen. Am besten eignen sich hier die Sorten, die eine mittlere Wuchshöhe von 300 bis 400 cm aufweisen, wie *Phyllostachys aurea*, *P. aureosulcata* 'Spectabilis' und *P. nigra* 'Punctata'. Mit ihren auffällig gefärbten Halmen wirken sie in farbig glasierten, asiatischen Steingutgefäßen besonders edel. Aber auch hohe, modern gestaltete Kunststoffgefäße passen gut zu *Phyllostachys*. Sehr hoch wachsende *Phyllostachys*-Arten sind als Kübelpflanze nur bedingt geeignet. Bei Wuchshöhen von bis zu 10 m wie bei *P. vivax* stößt man mit der Kübelgröße und der Standfestigkeit doch sehr schnell an Grenzen. Achten Sie bei allen stark wachsenden Gräsern und Bambus, die aufgrund ihrer großen Blattmasse einen hohen Wasserbedarf haben, ganz besonders auf eine gute und regelmäßige Wasserversorgung.

KIES- UND PRÄRIEBEETE

# FASZINATION STEIN

*Mit Gräsern und Stauden lassen sich naturnahe Gartenbereiche gestalten, die, einmal angelegt, nicht viel Pflege erfordern. Hierzu nimmt man Pflanzengesellschaften aus der Natur zum Vorbild. Voraussetzung für die Anlage von Steingärten sowie Kies- und Präriebeeten sind vollsonnige Standorte und durchlässige Böden.*

[a] **PASSEND** Blau-Schwingel harmoniert gut mit Grasnelken und anderen kompakten Steingartenstauden.

[b] **GRAZIL** Das zierliche Moskitogras liebt trockene, sonnige Plätze und ist somit eine Idealbesetzung für den Steingarten.

[c] **HARMONISCH** Das ruhige Grau der Steine passt gut zu der kleinen Wasserfläche. Blaugraue *Festuca*-Polster bieten zusammen mit hellblauen Storchschnabelblüten die farbliche Ergänzung.

# STEINGÄRTEN

## *Pflegeleichte Kleinode*

Ein großer Vorteil des Steingartens ist sein geringer Platzbedarf. Schon eine kleine Fläche von einem oder wenigen Quadratmetern reicht aus, ein schönes und wirkungsvolles Gartenelement mit Pflanzen und Steinen zu gestalten.

### WIRKUNGSVOLL AN JEDEM PLATZ

Die Anlage eines Steingartens kann am Rande eines Teiches erfolgen, an einem schmalen Streifen direkt am Haus oder an einer Böschung neben einer Treppe oder bei der Terrasse. Selbst in einem Steintrog lässt sich ein solcher Garten gestalten. Wichtig sind ein möglichst vollsonniger Standort sowie ein magerer, sandiger Boden mit gutem Wasserabzug. Bei der Auswahl der Steine sollte man möglichst nur eine oder wenige Arten verwenden, damit die Anlage nicht zu unruhig wirkt. Auch bei der Pflanzenauswahl ist es gut, wenn sich einige Arten und Sorten im Beet wiederholen. Der Steingarten wird mit einer Mischung aus Polsterstauden, Gräsern und Zwiebelblumen bepflanzt. Bei etwas größeren Anlagen können auch kleine Gehölze wie Zwerg-Kiefern eingestreut werden.

### DIE ERSTEN IM BEET

Zwiebelblumen bieten den Vorteil, dass sie bereits ab Ende Februar Farbe in die Beete bringen. Da viele Zwiebelblumen Staunässe nicht vertragen und auf leichte, durchlässige Böden angewiesen sind, eignen sie sich geradezu ideal für Steingärten. Sehr empfehlenswert sind kleine Zwiebeliris wie *Iris danfordiae* und *Iris reticulata*. Auch Wildtulpen wie *Tulipa tarda*, *Tulipa pulchella* und *Tulipa turkestanica* sowie niedrige botanische Narzissen setzen im Frühling farbige Akzente. Unverwüstlich und hübsch sind außerdem die blauen Blütensterne von *Scilla sibirica*, *Chionodoxa luciliae* und *Puschkinia scilloides* var. *libanotica*. Diese unkomplizierten Frühjahrsblüher vermehren sich durch Selbstaussaat und bilden mit der Zeit hübsche, kleine Blütenteppiche.

### HÜBSCHE KOMBINATIONEN

Die Kombination von Gräsern mit frühlingsblühenden Zwiebelblumen ist auch auf den Wachstumsrhythmus bezogen günstig. Die meisten sommergrünen Gräser treiben erst relativ spät aus. So entstehen nach dem Rückschnitt der Halme im März freie Flächen. Viele Zwiebelblumen beginnen bereits im März mit der Blüte. Wenn dann einige Wochen später ihr Laub vergilbt, bringen die Gräser mit ihrem frischen Austrieb wieder Leben in das Beet. Aber auch zwischen immergrünen Polstergräsern wie Schwingel *(Festuca)* und dem Schillergras, *Koeleria glauca*, lassen sich kleine Zwiebelblumen wirkungsvoll und dauerhaft platzieren.

### BLÜTENMEER AUS GRÄSERN

Ein sehr hübsches Gras für den Steingarten ist das Moskitogras, *Bouteloua gracilis*. Es erreicht eine Wuchshöhe von 20 bis 40 cm und schmückt sich ab Juli mit seinen ungewöhnlichen, waagerecht abstehenden Blütenständen. Diese stehen in großer Zahl an sehr dünnen Halmen und erinnern so an einen fliegenden Moskitoschwarm.

Bei den Lampenputzergräsern gibt es inzwischen eine Zwergsorte, die für kleine Steingärten sehr empfehlenswert ist: *Pennisetum alopecuroides* 'Little Bunny' bildet dichte Polster von 15 bis 20 cm Höhe. Ab August schmückt sich dieses sommergrüne Staudengras mit zahlreichen, flauschigen Blütenähren.

[a] **HERBSTSTIMMUNG** Ab Anfang September zeigen viele Staudengräser im Kiesbeet eine warme, weizenfarbene Färbung. Gemeinsam mit Astern und Fetthenne entstehen zauberhafte Herbstbilder.

[b] **NATÜRLICHE BLÜTENFÜLLE** Kiesgarten-Bewohner lieben sonnige Lagen. In dieser naturnahen Pflanzung finden neben Gräsern auch Katzenminze, Skabiosen und Salvien ihren Platz. Sie sind nicht nur schön, sondern werden auch von Schmetterlingen, Bienen und Hummeln umschwärmt.

[c] **SEIDIGE GRÄSERWELLEN** Das Echte Federgras, *Stipa pennata*, ist der Klassiker für Kies- und Präriebeete. Seine seidenweichen, silbrigen Grannen bewegen sich beim leisesten Windhauch.

# KIESBEETE

## *Felslandschaften im eigenen Garten*

Kiesbeete im Garten sind an trockene, sonnige Naturräume angelehnt, wie beispielsweise mediterrane Felslandschaften oder die Steppengebiete Südosteuropas.

### ANLAGE EINES KIESBEETES

Während Steingärten in Deutschland schon lange populär sind, kam die Idee der Kiesbeete erst in den 1990ger-Jahren von England herüber. Voraussetzung für die Anlage eines Kiesgartens ist ein möglichst warmer und vollsonniger Standort. Zudem ist ein magerer, durchlässiger Boden existentiell. Sandige Böden, in denen Regenwasser schnell versickern kann, bieten beste Voraussetzungen. Lehmige oder sehr nährstoffhaltige Böden werden mit Hilfe von Sand und Splitt abgemagert und so durchlässiger gemacht.

**Bodenvorbereitung**

In jedem Fall wird der Boden gründlich umgegraben und gelockert. Dabei sollten alle Wurzelunkräuter wie Giersch, Quecke und Schachtelhalm penibel entfernt werden. Bei der Bodenvorbereitung ist das relativ einfach. Haben sie sich jedoch erst einmal im bepflanzten Beet etabliert, ist die Entfernung wesentlich mühsamer.

**Bepflanzung**

Nach der Bodenvorbereitung stellen Sie am besten alle vorgesehenen Gräser und Stauden auf der Fläche aus, um eine optimale Verteilung zu erzielen. Kriterien hierbei sind unter anderem die Blütenfarbe und der Blühzeitraum sowie die Wuchshöhe der einzelnen Sorten. Da beim Kiesgarten auch Freiflächen und locker gestaltete Teilstücke für die Gesamtwirkung wichtig sind, sollte nicht zu dicht gepflanzt werden.

**Kiesschicht auslegen**

Schließlich wird die gesamte Fläche mit Kies oder Splitt abgedeckt. Empfehlenswert ist eine Schicht von mindestens 5 cm Höhe. Sie verringert die Wasserverdunstung und dient als Wärmespeicher, was für die wärmeliebenden Kiesgartenpflanzen vorteilhaft ist. Zudem wird die Keimung von Unkrautsamen reduziert.

**Kiesgarten-Bewohner**

Neben den auf Seite 114/115 beschriebenen Gräsern spielen robuste, sonnenliebende Stauden und Kräuter im Kiesgarten die Hauptrolle. Geeignete Stauden sind beispielsweise die Spornblume (*Centranthus ruber* 'Albus' und 'Coccineus'), der Rote Sonnenhut (*Echinacea purpurea*) sowie die Nachtkerze (*Oenothera macrocarpa* und *O. tetragona*). Im blauen Farbspektrum sind Lavendel, Salbei, Stauden-Lein und Blaurauten sehr empfehlenswert. Wärmeliebende Kräuter wie Thymian, Salbei und Majoran fühlen sich im Kiesgarten ebenso wohl. Um eine natürlich wirkende Gestaltung zu erzielen, sollte man stets größere Stückzahlen einer Art pflanzen. Viele Kiesgarten-Bewohner wie Nachtkerzen, Federgras, Stauden-Lein und Königskerzen vermehren sich durch Selbstaussaat, so dass solche Beete immer einer gewissen Dynamik unterworfen sind. Das ist durchaus ein Vorteil, da diese Arten häufig nicht sehr ausdauernd sind und ohne Selbstaussaat mit der Zeit verschwinden würden. Lassen Sie die Sämlinge also ruhig stehen. Falls sich eine Art zu sehr ausbreitet, können Sie immer noch regulierend eingreifen, indem Sie überzählige Sämlinge entfernen oder umsetzen.

**[a] SOMMER!** Präriebeete in warmen Farbtönen sind einfach zauberhaft. Federgras, Schafgarbe und Sonnenbraut harmonieren perfekt.

**[b] INSEKTENMAGNET** Der Rote Sonnenhut sollte in keinem Präriebeet fehlen. Er blüht reich und lange und ist der Liebling vieler Insekten. Hier in großartiger Kombination mit *Stipa gigantea*.

**[c] FEUERFACKELN** Die Blüten der Fackellilie *(Kniphofia)* leuchten in einem klaren Orangeton aus einem Meer von Federgräsern hervor.

**[d] STRUKTUR** Dieses üppige Präriebeet weist eine interessante Höhenstaffelung auf. Federgräser und Mädchenauge liegen den mächtigen Königskerzen zu Füßen.

# PRÄRIEBEETE

## *Die Natur zum Vorbild*

Präriegärten erinnern an die weiten Graslandflächen in den USA, die weitläufig mit Gräsern und sommerblühenden Stauden bewachsen sind. Ihren optischen Höhepunkt haben sie im Spätsommer zur Blütezeit.

Auf den Garten übertragen, versteht man unter Präriebeeten großflächige, pflegeleichte Pflanzungen, die möglichst naturnah mit sommerblühenden Stauden und Gräsern gestaltet werden. Da in Präriebeeten viele hoch wachsende Beetstauden Verwendung finden, sollte der Boden etwas fruchtbarer sein als bei Stein- und Kiesgärten. In der Regel verwendet man nur relativ wenige Arten und Sorten, die dann wiederholt in großer Stückzahl gepflanzt werden. Präriebeete benötigen einen sonnigen Standort und brauchen, um eine gute Wirkung zu erzielen, eine Mindestfläche von 5 bis 10 m².

### GEZIELTE FARBAUSWAHL

Die Ausstrahlung von Präriebeeten ist besonders harmonisch, wenn sie überwiegend in warmen Farben gestaltet werden. Hier finden sich Farbtöne von Gelb über Orange und Zinnoberrot bis Dunkelrot und Braunrot. Typische Präriestauden in diesem Farbspektrum sind: Sonnenhut *(Rudbeckia)*, Sonnenbraut *(Helenium)*, Goldrute *(Solidago)*, Mädchenauge *(Coreopsis verticillata)* sowie Goldhaar-Aster *(Aster linosyris)*. Aber auch rosarote und purpurrote Farbtöne wie beim Roten Sonnenhut *(Echinacea purpurea)*, dem Dost *(Eupatorium fistulosum)* und der Spornblume *(Centranthus ruber* 'Coccineus'*)* sind in Präriebeeten häufig zu finden. Kombiniert mit den warmen Gelb- und Ockertönen vieler blühender Gräser ergeben sich hier ab Sommer zauberhafte Gartenbilder. Mit der einsetzenden Herbstfärbung entsteht dann ein wahres Farbenfeuerwerk aus Gelb-, Kupfer-, Orange- und Rottönen.

### OPTIMALE ERGÄNZUNG

Unter den Zwiebelblumen eignen sich besonders alle höheren Zierlauch-Arten (*Allium aflatunense*, *A. christophii*, *A. giganteum*) zum Einstreuen in Präriebeete. Je nach Sorte zeigen sie im Mai oder im Sommer ihre beeindruckenden purpurvioletten bzw. lilafarbenen Blütenkugeln. Da sie vollsonnige Standorte und durchlässige Böden bevorzugen, passen sie auch in ihren Ansprüchen gut zu den anderen Präriepflanzen. Auch kleinblumige Wildtulpen wie *Tulipa pulchella*, *T. sylvestris* und *T. turkestanica* können Präriebeete wirkungsvoll bereichern. Sie blühen bereits im April und Mai, wenn die Gräser und Stauden noch nicht voll entwickelt sind, und setzen hier leuchtende Farbakzente.

### PFLANZEN UND SÄEN

Wählen Sie für die Anlage eines Präriebeetes einen möglichst vollsonnigen Standort. Der Boden sollte gut durchlässig sein. Nach der gründlichen Bodenvorbereitung werden die Gräser und Stauden im Zeitraum von März bis Mai gepflanzt bzw. gesät. Die genannten Zwiebelblumen werden im Herbst gesteckt. Achten Sie darauf, dass alle Sorten im Beet wiederholt auftauchen, so dass eine flächige Wirkung entsteht. Falls Sie selber Staudengräser oder einjährige Gräser aussäen möchten, können Sie diese ab März/April auf der Fensterbank vorziehen. Ab Mai pflanzen Sie die Jungpflanzen dann ins Beet. Bei vielen einjährigen Gräsern ist ab Anfang Mai auch eine Direktaussaat ins Freiland möglich.

[c] GRAZIL Federgräser sind die Idealbesetzung für Kies- und Präriebeete. Es gibt eine große Auswahl an Arten und Sorten in unterschiedlichen Wuchshöhen.

[d] AUFRECHT Das Garten-Reitgras, *Calamagrostis acutiflora* 'Karl Foerster', ist mit seinem ungewöhnlichen, straff aufrechten Wuchs einzigartig unter den Gräsern. Es ist extrem standest und braucht nur wenig Platz. Für Kies- und Präriegärten sehr empfehlenswert.

[a] LEUCHTEND Ab September zeigen viele Staudengräser eine schöne Herbstfärbung in warmen Gelb- und Orangetönen. Hier sind Chinaschilf, Riesen-Pfeifengras und Rutenhirse *(Panicum virgatum)* in einem harmonisch wirkenden Kiesbeet kombiniert.

[b] IMPOSANT Das Riesen-Federgras bildet beeindruckende, filigrane Gräserhorste. Seine zarten Blütenstände sitzen an langen Halmen und ragen weit über die Blätter hinaus. Am besten wirkt es in Einzelstellung, kombiniert mit niedrigen und mittelhohen Stauden.

# DIE BESTEN GRÄSER
## *für Kies- und Präriebeete*

Es gibt eine große Auswahl an wunderschönen Gräsern zur Gestaltung von Kies- und Präriebeeten. Die wichtigsten Arten und Sorten finden Sie in der folgenden Auswahl.

### FEDERGRÄSER

Ein absolutes Muss für die Gestaltung von Kies- und Präriebeeten sind die Federgräser, *Stipa*. Hier ist besonders das Zarte Federgras, *Stipa tenuissima,* uneingeschränkt empfehlenswert. Sein Laub ist haarfein und biegsam. Ab Juni erscheint eine Vielzahl seidiger, silbrig-weiß schimmernder Blütengrannen, die sich im Laufe des Sommers in ein warmes Goldgelb umfärben. *Stipa tenuissima* neigt sehr stark zur Selbstaussaat und bildet von selbst immer größere Bestände. Da es nicht sehr tief wurzelt, lässt es sich aber problemlos in Schach halten und wird nicht lästig. Eine sehr schöne Sorte mit besonders flauschigen Grannen ist *Stipa tenuissima* 'Ponytails'.

Das Büschel-Federgras, *Stipa capillata*, wird mit etwa 80 cm etwas höher. Es bildet aufrechte, graugrüne Blatthorste und zeigt seine langen, silbrig-weißen Blütenstände ab Juli.

Das Riesen-Federgras, *Stipa gigantea,* schmückt sich bereits ab Juni mit einer Vielzahl filigraner Blütenrispen, die eine Höhe von 170 bis 180 cm erreichen. Diese durchscheinenden Blütenschleier bilden einen schönen Rahmen für die Blüten der Stauden. Bei *Stipa gigantea* handelt es sich um ein Solitärgras mit einem Durchmesser von 60 bis 80 cm. Entsprechend wird dieses Gras nur einzeln an verschiedenen Stellen in das Beet eingestreut.

Schließlich ist noch das Silber-Ährengras, *Stipa calamagrostis*, uneingeschränkt empfehlenswert. Es besticht durch seine silbrig schimmernden, bogig überhängenden Blütenstände. Die Blüten erscheinen in großer Zahl und sind sehr lange haltbar.

### PRÄRIE-GRAS

Ein weiteres Gras für eine flächige Pflanzung ist das Prärie-Gras, *Sporobolus heterolepis,* auch Tautropfen-Gras genannt. Es erreicht eine Höhe von 50 bis 60 cm und bildet ab August filigrane, durchscheinende Blütenwolken. Zusätzlich punktet es mit seiner leuchtenden, ockergelben Herbstfärbung. Die Züchtung *Sporobolus heterolepis* 'Cloud' zeichnet sich zusätzlich durch rötliche Halme aus, die sehr wirkungsvoll zu der ockergelben Herbstfärbung der Blätter kontrastieren.

### RUTENHIRSEN

Auch alle Sorten der Rutenhirse, *Panicum virgatum*, machen sich gut im Präriebeet. Ein Gigant unter den Rutenhirsen ist *Panicum virgatum* 'Cloud Nine'. Die Blütenstände erreichen eine Höhe bis 200 cm. Trotz ihrer Größe ist die Riesen-Rutenhirse sehr stabil und standfest und kann als Solitärgras wiederholt in Prärie- und Kiesbeeten eingestreut werden. Ein weiterer Pluspunkt ist ihre schöne, tiefgelbe Herbstfärbung. Die Rotbraune Rutenhirse, *Panicum virgatum* 'Hänse Herms', zeigt bereits im August ihre auffällige rote Herbstfärbung. Sie wird etwa 100 cm hoch. Am besten wirkt sie in kleinen Gruppen oder einzeln wiederholt über das ganze Beet gepflanzt. Schließlich ist auch *Panicum virgatum* 'Rehbraun' beliebt und weit verbreitet. Sowohl ihre Blattspitzen als auch die Blütenstände zeigen einen schönen, warmen Rotbraunton. Zusätzlich erscheint ab Anfang September die leuchtend kupferrote Herbstfärbung.

VON SOMMER BIS FRÜHLING

# HIGHLIGHTS

*Gräsergärten haben einen klaren jahreszeitlichen Verlauf. Mit dem vollen Laub und den seidigen Blüten spielen sie im Sommer eine Hauptrolle. Ab September folgen spektakuläre Herbstbilder. Im Winter steht die Struktur der trockenen Halme und Blüten im Vordergrund.*

[c] **SOMMERFÜLLE** Perfekt kombiniert ist dieses sommerliche Beet mit Rittersporn, Fingerhut und Lilien in Blau-, Lila- und Rosatönen. Die seidigen Blütenstände der Mähnen-Gerste geben der Pflanzung zusätzlich eine filigrane Leichtigkeit.

[a] **SOMMERBEGINN** Eine zauberhafte Verbindung geht das Federgras mit den zarten Blüten der Akelei ein. Steppen-Salbei und Rosen runden das romantische Beet ab.

[b] **SOMMERFLAUSCH** Das einjährige Hasenschwanzgras bereichert mit seinen flauschigen Blütenständen bunte Sommerbeete.

# SOMMER

## Seidige Blütenwolken

Der optische Höhepunkt von Gräsergärten liegt ohne Zweifel im Sommer und Herbst. Im Sommer steht die Gräserblüte im Vordergrund.

### BLÜTENVIELFALT

In Staudenbeeten schafft die Gräserblüte mit ihren zarten Blütenwolken eine Bühne für farbige Blüten und verbindet diese.
Es gibt eine Vielzahl von Gräserblüten, die alle ihren Reiz haben. Manche Arten bilden filigrane, durchscheinende Blütenwolken, die einen wunderbaren Rahmen für die bunten Blüten von Stauden und Sommerblumen bieten. Andere Arten wie das Pampasgras schieben unübersehbare, seidig glänzende Riesenblüten an dicken Stielen empor. Manche Blüten beeindrucken uns durch ihre besondere Form, wie bei der Morgenstern-Segge *(Carex grayi)* und dem Moskitogras *(Bouteloua gracilis)*.
Das Chinaschilf zeigt seine seidigen Blütenstände in großer Üppigkeit und vielen Farbnuancen von silbrig-weißen Tönen über verschiedene Rosa- und Rotabstufungen bis zu einem kräftigen Braunrot. Beim Chinaschilf lässt sich auch besonders gut die Entwicklung eines einzelnen Blütenstands von der Knospe bis zum vollen Öffnen beobachten.
Ein großer Vorteil der meisten Gräserblüten ist ihre lange Haltbarkeit. Selbst wenn sie im Herbst langsam beginnen einzutrocknen, sehen sie durch ihre Struktur und die warmen Farbtöne immer noch attraktiv aus.

### SOMMERLICHE BLÜTENWOLKEN

Die Rasen-Schmiele, *Deschampsia cespitosa*, bildet bereits im Juni transparente Wolken aus zarten, duftigen Gräserblüten. Ab August kleiden sich die gesamten Gräserhorste in ein warmes Weizengelb. Kombiniert mit sommer- und spätsommerblühenden Stauden lassen sich mit der Rasen-Schmiele zauberhafte Gartenbilder gestalten. Von der Rasen-Schmiele gibt es eine ganze Reihe wertvoller Züchtungen, die (inklusive Blüten) eine Höhe um 100 cm erreichen. Sehr empfehlenswert ist *Deschampsia cespitosa* 'Goldtau' mit zarten, weizengelben Blütenständen. Die Sorte 'Bronzeschleier' wächst ebenso duftig und bildet goldbraune Blütenwolken. Alle Rasen-Schmielen bevorzugen etwas feuchtere Gartenböden. Sie gedeihen sowohl in voller Sonne als auch im Halbschatten.

### MIT SOMMERBLUMEN

Mit einjährigen Sommerblumen und Gräsern lassen sich wunderschöne, farblich abgestimmte Beete gestalten. Perfekt im Zusammenspiel sind beispielsweise die Mähnen-Gerste mit *Verbena bonariensis* und einjährigem Sonnenhut *(Rudbeckia hirta)*. Dazu harmonieren die leuchtenden Blüten von Dahlien und Zinnien.

### FLORALE DEKORATION

Der Sommer ist auch die Zeit der bunten, üppigen Blumensträuße. Hier lassen sich Gräserhalme und Blüten zusammen mit Rosen und Stauden zu zauberhaften, filigranen Kunstwerken kombinieren. Besonders wirkungsvoll sind hier beispielsweise die seidigen Blütenstände des Lampenputzergrases *(Pennisetum)*. Aber auch die duftigen, feinen Blütenwolken der Rutenhirse *(Panicum)* rahmen alle Blumen gekonnt ein. Für romantische Sträuße liefern das Zittergras *(Briza)* und die flauschigen Blütenstände des Hasenschwanzgrases *(Lagurus ovatus)* das passende Beiwerk.

**[a] FARBIG** *Miscanthus sinensis* 'Flamingo' setzt sich im Herbst mit der orangeroten Färbung seiner Blätter gekonnt in Szene. Seine Blütenstände hängen elegant bogig über.

**[b] ZART** Bisher wenig bekannt ist das Prärie-Gras, *Sporobolus heterolepis* 'Cloud'. Es bildet filigrane Blütenwolken und ist ein vorzüglicher Begleiter sommer- und herbstblühender Stauden.

**[c] LEUCHTEND** Das Riesen-Pfeifengras (hier die Sorte 'Windspiel') zeigt ab September seine wunderschöne, weizengelbe Herbstfärbung, die warm in der Sonne leuchtet.

# HERBST

## *Farbenfeuerwerk in Gelb und Rot*

Die Zeit der Blüte geht nahtlos über in das Feuerwerk der Herbstfärbung. In dieser Jahreszeit können die Gräser noch einmal ihr ganzes Potential ausspielen.

Ein weites Farbspektrum von warmen Gelbtönen über Orange, Kupferrot, Zinnober- und Scharlachrot zu weinroten Nuancen ist hier vertreten. Bei etlichen Gräsern setzt die Herbstfärbung bereits im Laufe des August ein, so dass das Feuerwerk der Herbstfarben über viele Wochen andauert.

### VON ORANGEROT BIS BRONZEFARBEN

Beim Chinaschilf *(Miscanthus sinensis)* zeigen die meisten Sorten eine mehr oder weniger ausgeprägte Herbstfärbung. Besonders spektakulär unter dem Herbstaspekt sind die folgenden Züchtungen: 'Flamingo' (orangerot), 'Ghana' (orangerot), 'Gracillimus' (bronzefarben), 'Malepartus' (orangerot).
Ohnehin ist das Chinaschilf ein Staudengras mit vielen Pluspunkten. Durch die große Sortenvielfalt findet sich mit Wuchshöhen von 120 bis 300 cm für jeden Garten die passende Größe. Ab Mai punktet das Chinaschilf mit seinem ausdrucksvollen Laub. Im Sommer erscheinen die großen, seidigen Blütenstände, worauf ab September die warmen und leuchtenden Herbstfarben folgen. Aufgrund seiner Standfestigkeit und langen Haltbarkeit von Blättern und Blütenständen bereichern die buschigen Gräserhorste sogar noch den winterlichen Garten.

### LEUCHTEND IN GOLDGELB

Eine wunderschöne, leuchtend goldgelbe Herbstfärbung weisen die Sorten des Hohen Pfeifengrases, *Molinia arundinacea*, auf. Diese beginnt im September und hält über viele Wochen an. Besonders empfehlenswerte Sorten sind hier *Molinia arundinacea* 'Windspiel', 'Karl Foerster' und 'Fontäne'. Ihre grazilen Blütenhalme erreichen eine Höhe um 200 cm und stehen weit über den Blatthorsten. Mit ihrer Transparenz und der warmen, goldgelben Farbe zaubern die Pfeifengräser ab September beeindruckende Gartenbilder.

### STIMMUNGSVOLL IN OCKERGELB

Schließlich ist auch das Prärie-Gras, *Sporobolus heterolepis*, unter dem Herbstaspekt besonders empfehlenswert. Hierbei handelt es sich um ein kompakt wachsendes, graziles Staudengras, das eine Höhe um 50 cm erreicht. Es bevorzugt magere, durchlässige Böden in voller Sonne und bildet im Sommer ganze Wolken filigraner Blütenrispen. Ab September zeigt das Prärie-Gras seine leuchtend ockergelbe Herbstfärbung. Die Sorte *Sporobolus heterolepis* 'Cloud' besitzt zusätzlich rotbraun gefärbte Halme. Zusammen mit dem ockerfarbenen Laub entsteht hier ein sehr wirkungsvoller Farbkontrast.

**[b] GUT GESCHÜTZT** Bambus sorgt mit seinen immergrünen Blättern auch im Winter für lebhafte Farbflecken. Der Schnee schadet den Pflanzen nicht. Ganz im Gegenteil, er schützt Laub und Halme vor Wind und Sonne und verhindert ein tiefes Eindringen des Frostes in den Boden. Aufgrund ihrer Biegsamkeit knicken die Halme nicht ab.

**[a] SCHLUPFWINKEL UND HINGUCKER** Alle Sorten des Chinaschilfs sind extrem standfest. Daher sollten die vergilbten Halme und Blütenstände erst im Frühjahr zurückgeschnitten werden. Sie bieten nicht nur Unterschlupf für Vögel und andere Wildtiere, sondern lassen bei Schnee und Frost zauberhafte Gartenbilder entstehen.

# WINTER

## *Märchenhafte Formen und Strukturen*

Gräserhorste können mit ihren Blütenhalmen, ihrer Struktur und Leichtigkeit auch in der Winterzeit Beete noch wirkungsvoll schmücken und beleben.

### WINTERZAUBER

Im Oktober fangen viele Gräser an, zu vergilben und trocken zu werden. Dann verblassen die kräftigen Herbstfarben allmählich und die Halme und Triebe nehmen etwas mattere Beige-, Braun- und Ockertöne an. Doch beweisen viele Gräser im Spätherbst und in den Wintermonaten noch eine erstaunliche Standfestigkeit. Ganz besonders zeigt sich dieser Aspekt bei Schnee oder wenn Raureif die feinen Strukturen der Blätter und Blüten in einen märchenhaften Glitzermantel einhüllt.

### GRÜNE BLICKPUNKTE

Der Winter ist auch die Zeit der immergrünen Gräser. Selbst bei Frost und Schnee setzen sie im Garten noch grüne Blickpunkte. Hier ist besonders die große Gruppe der Seggen *(Carex)* zu nennen. Neben Arten und Sorten mit grünen Blättern gibt es auch eine Vielzahl von Züchtungen mit weißbunten oder gelbbunten Blättern. Da alle *Carex*-Arten überdies noch besonders vital und robust sind, sollten sie in keinem Garten fehlen.
Seggen gedeihen auch noch im tiefen Schatten sowie im Wurzeldruck alter Bäume. Daher sind sie besonders gut zur Bepflanzung schwieriger Gartenpartien und zur Aufhellung dunklerer Stellen geeignet.
Auch Bambus setzt mit seinen immergrünen Blättern wohltuende Farbtupfer gegen das Wintergrau. Dick eingeschneit entstehen mit frisch-grünem Bambuslaub und den farbigen, glänzenden Halmen von *Phyllostachys* zauberhafte Gartenbilder. Der Schnee schadet dem Bambus übrigens nicht, selbst wenn die Triebe von seinem Gewicht weit heruntergebogen werden. Die Halme sind so elastisch, dass sie selbst bei großem Gewicht nicht abknicken. Zudem schützt der Schnee vor Austrocknung durch Sonne und Wind und führt den Pflanzen bei Tauwetter eine Extraportion Wasser zu.

**SCHUTZSCHICHT** **Eine dicke Schneeauflage schützt auch immergrüne, bodendeckende Gräser vor Austrocknung durch Wintersonne und Wind. Bei längeren Phasen mit Kahlfrösten ist eine Abdeckung mit Tannenreisig ratsam. Falls die Blätter im Frühjahr stark geschädigt sind, werden sie einfach bodennah zurückgeschnitten und regenerieren sich rasch.**

[a] SCHÖN KOMBINIERT Zwischen den zarten Halmen des Federgrases streben farbenprächtige, langstielige Tulpen empor.

[b] FRÜH DRAN Die kompakte, immergrüne Japan-Gold-Segge lässt sich hervorragend mit kleinen Zwiebelblumen kombinieren. Gut harmoniert sie mit *Iris reticulata*, die bereits im März ihre auffälligen, violetten Blüten zeigt.

[c] GUT GETIMT Sommergrüne Gräser beginnen oft erst im April mit dem Austrieb. Tulpen und andere Zwiebelblumen sorgen für Frühlingsfarbkleckse im Gräserbeet.

# FRÜHLING

## *Tolle Mischung mit Zwiebelblumen und Stauden*

Im Frühjahr halten sich die Gräser optisch im Garten eher etwas zurück. Ab März werden Staudengräser bodennah zurückgeschnitten und treiben dann neu aus, sobald es wärmer wird.

### GRÄSERKOMBINATIONEN MIT FRÜHBLÜHERN

Einige Gräserarten und -sorten lassen sich mit dem Austrieb etwas länger Zeit. So kann es beispielsweise beim Japanischen Blutgras *(Imperata cylindrica* 'Red Baron') vorkommen, dass sich erst Ende April die neuen Blattspitzen zeigen. Daher ist es sinnvoll, sommergrüne Staudengräser mit früh blühenden Stauden und Zwiebelblumen zu kombinieren. Besonders Zwiebelblumen gehen mit Gräsern eine gute Partnerschaft ein. Viele von ihnen blühen im März und April, wenn bei den Gräsern noch nicht viel Leben zu sehen ist. Wenn die Gräser sich dann im Mai breiter machen, haben die meisten Zwiebelblumen ihr Laub bereits wieder eingezogen, so dass sich die beiden Pflanzengruppen perfekt ergänzen. Außerdem bevorzugen die meisten Arten und Sorten beider Gruppen sonnige Standorte und eher magere, durchlässige Böden, so dass auch hier eine gute Übereinstimmung herrscht.

### ZWIEBELBLUMEN ALS FRÜHLINGSPARTNER

Ideale Frühlingspartner unter den Zwiebelblumen sind beispielsweise botanische Krokusse und Wildtulpen. Auch kleinblumige Narzissen und Zwiebeliris lassen sich gut mit Gräsern kombinieren. Viele Frühjahrsblüher neigen zur Selbstaussaat und bilden mit der Zeit hübsche, dichte Blütenteppiche zwischen den Gräserhorsten. Hier sind besonders der Schneestolz *(Chionodoxa luciliae)*, das Blausternchen *(Scilla sibirica)*, die Traubenhyazinthe *(Muscari)* und die hübsche porzellanblaue Puschkinie *(Puschkinia scilloides* var. *libanotica)* zu empfehlen.

Unter den vielen Narzissen-Sorten sind auch die Dichter-Narzissen gute Gräserpartner. *Narcissus poeticus* 'Actaea' besitzt reinweiße Blüten mit einer flachen, orangefarbenen Krone. Die wundervoll duftende Blüte ist sehr zart und passt gut in naturnahe Gräserpflanzungen. Zudem sind Dichter-Narzissen pflegeleicht und robust und breiten sich an ihnen zusagenden Gartenplätzen zu größeren Beständen aus.

Für halbschattige, etwas feuchtere Standorte sind auch Schneeglöckchen *(Galanthus nivalis* und *G. elwesii)*, Märzenbecher *(Leucojum vernum)* und die zauberhaften, leuchtend gelben Winterlinge *(Eranthis hyemalis)* gut geeignet. Je nach Witterung blühen sie bereits ab Februar und setzen erste Farbtupfer im Gräsergarten.

Im April und Mai folgt dann der Spanische Blaustern *(Hyacinthoides hispanica)*. Diese unverwüstliche Zwiebelblume gedeiht sowohl in voller Sonne als auch im Halbschatten. Sie wird etwa 30 cm hoch und bildet eine Vielzahl wunderhübscher Blütenglöckchen. Die ursprüngliche Art ist hellblau. Inzwischen gibt es eine große Auswahl weißer, rosafarbener und violettblauer Sorten. *Hyacinthoides* ist sehr langlebig und passt mit seiner natürlichen Wuchsform gut zu Gräsern.

**[a] MÄRCHENHAFT** Die Komposition aus den schwarzroten Blüten der Akelei, dem leuchtenden Hellblau des Scheinmohns *(Meconopsis)* und den biegsamen Halmen der Federgräser ist so filigran und zauberhaft schön, dass sie fast unwirklich erscheint.

**[b] FRÜHLINGSHAFT** Bereits im März lassen sich mit Christrosen *(Helleborus)*, Kaukasus-Vergissmeinnicht *(Brunnera)* und den leuchtend gelben Blättern des Japan-Goldbandgrases *(Hakonechloa macra* 'All Gold') stimmungsvolle Frühlingsbilder gestalten.

## STAUDENPARTNER

Bei den Blütenstauden sind alle Arten und Sorten, die im Frühjahr und Frühsommer blühen und ähnliche Standortansprüche wie die Gräser besitzen, gut zur Kombination geeignet. Aus dem großen Sortiment kann ich nur einige Beispiele herausgreifen, die allesamt sonnige Standorte und durchlässige Böden bevorzugen. Grasnelken, *Armeria maritima*, bilden kleine, immergrüne Polster und zeigen ihre hübschen, kugeligen Blütenstände von Mai bis Juni. Es gibt purpurrote, rosafarbene und weiße Sorten. Die Schleifenblume, *Iberis sempervirens*, ist ebenfalls immergrün und bildet niedrige, breit wachsende Polster. Im April verwandelt sie sich in ein schneeweißes Blütenmeer. Ein weiterer Frühlingsblüher, der sich gut mit Gräsern kombinieren lässt, ist der immergrüne Polster-Steinbrech, *Saxifraga* x *arendsii*. Bereits im März blüht er üppig und zuverlässig. Je nach Sorte reicht sein Farbspektrum von Reinweiß über Rosa bis Rot. Leuchtende Gelbtöne hat das Steinkraut im Frühling zu bieten. Besonders die Sorten *Alyssum montanum* 'Berggold' und *Alyssum saxatile* 'Goldkugel' (Synonym *Aurinia saxatilis)*, die beide im April und Mai überreich blühen, sind sehr empfehlenswert. Die Küchenschelle, *Pulsatilla vulgaris*, zeigt ihre großen, ausdrucksvollen Blüten im März und April und setzt, je nach Sorte, weiße, rote oder violette Farbtupfer zwischen Gräserstauden. Besonders hübsch wirkt sie in Steingärten.

Auch bei den mittelhohen Blütenstauden gibt es viele hervorragende Gräserpartner, die im Frühjahr oder Frühsommer blühen. Akeleien zeigen ihre hübschen Blüten von April bis Juni und passen mit ihrem zarten Laub und ihrer natürlichen Ausstrahlung gut zu Gräsern. Es gibt Züchtungen in allen Farben von Weiß über Gelb, Rosa und Rot bis zu Schwarzrot und Violett sowie einige zweifarbige Sorten. Akeleien erreichen je nach Sorte Wuchshöhen zwischen 20 und 60 cm. Leuchtende gelbe Farbkleckse setzt ab April der Gämswurz *(Doronicum)* zwischen Gräserstauden. Er wird 35 bis 40 cm hoch und gedeiht sowohl in voller Sonne als auch im Halbschatten. Die Pfirsichblättrige Glockenblume, *Campanula persicifolia*, bildet im Juni und Juli etwa 80 cm hohe Blütenstiele mit weißen, blauen oder violettblauen Blütenglocken. Aufgrund ihrer Höhe eignet sie sich am besten für den Beethintergrund, während weiter vorne polsterbildende Stauden platziert werden. Schließlich sind auch einige Taglilien gut als Gräserpartner geeignet. Besonders die kompakt wachsende Sorte *Hemerocallis* x *cultorum* 'Stella d'Oro' ist sehr empfehlenswert. Sie besitzt ein zierliches Blatt und bildet dichte Horste von etwa 40 cm Höhe und Breite. Ungewöhnlich sind ihre lange Blütezeit und Blütenfülle. Von April bis Oktober bildet sie unermüdlich ihre großen Blüten, die in einem sehr schönen, warmen Gelbton leuchten.
In der Kombination mit Stauden und Zwiebelblumen ist es also keine Zauberei, einen Gräsergarten auch im Frühling und Frühsommer bunt, attraktiv und lebendig zu gestalten. Entscheidende Kriterien für die Sortenauswahl sind dabei die Blütezeit, die Wuchshöhe und natürlich die Standortansprüche.

**DUFTENDER FRÜHLINGSBLÜHER Der Goldlack setzt mit seinen großen, duftenden Blüten ab April auffällige Farbtupfer in den Gräsergarten. Er gehört zu den zweijährigen Pflanzen und erreicht je nach Sorte eine Wuchshöhe von 30 bis 70 cm. Man sät ihn zur Blüte im nächsten Frühjahr im Juni/Juli direkt ins Beet oder kauft im April blühende Exemplare. Goldlack liebt warme, sonnige Gartenplätze und vermehrt sich durch Selbstaussaat. Winterschutz ist ratsam.**

1 × 1 FÜR GRÄSER UND BAMBUS

# GARTENPRAXIS

*Bambus und ein Großteil der Staudengräser gedeihen über viele Jahre am selben Standort und bilden imposante Horste. Die wichtigsten Grundregeln für Gräserfans betreffen den passenden Standort, Wasserbedarf, Schnitt sowie die Bodenbeschaffenheit und Düngung.*

[a]

[a] KEINE ALLÜREN Die vielen Sorten des Chinaschilfs sind standfest und filigran zugleich. Sie sind robust und pflegeleicht und mit ihrem schönen, dichten Laub und dem reichen Blütenschmuck von Sommer bis Winter ein dekorativer Hingucker. Hier ist *Miscanthus sinensis* 'Silberspinne' der Blickpunkt in einem Kiesgarten.

# GRÄSER
## *Pflegeleicht an jedem Gartenplatz*

Staudengräser sind trotz ihrer Zartheit erstaunlich robust und pflegeleicht. Einmal gepflanzt, erfreuen sie uns über viele Jahre mit ihrem biegsamen Laub und den seidigen, filigranen Blütenständen.

**GRÄSER SIND ALLROUNDER**

Für jeden Standort findet sich das passende Gras. So gibt es Steppengräser, die sonnige, trockene Standorte bevorzugen und mit einem Minimum an Wasser auskommen. Hierzu gehört beispielsweise das elegante Federgras *(Stipa)* mit seinen feinen, seidigen Blütenständen. Andere Arten gedeihen auch noch im tiefsten Schatten und vertragen sogar den Wurzeldruck großer Bäume. Hier sind die nahezu unverwüstlichen *Carex* zu nennen, von denen viele Sorten zudem noch immergrün sind.

Trotz ihrer manchmal zarten Optik sind die meisten Gräser erstaunlich pflegeleicht, robust und ausdauernd. Vorteilhaft ist auch, dass Gräser kaum von Krankheiten und Schädlingen befallen werden. Selbst bei den gefürchteten Schneckeninvasionen muss man sich keine Sorgen machen – alle Gräser werden von Schnecken verschmäht.

Achten Sie bei der Auswahl der Gräser unbedingt auf die Standortansprüche. Je passender ein Gras für einen bestimmten Standort ausgewählt wird, desto besser wird es gedeihen und desto weniger Arbeit wird es verursachen. Zu den entscheidenden Auswahlkriterien gehören auch die Größe, die das Gras im ausgewachsenen Zustand erreicht, und sein Ausbreitungsdrang. Die wichtigsten Informationen finden Sie in der Regel auf der Rückseite der Bildetiketten. Auch Fachbücher, Staudenkataloge und das Internet helfen dabei, sich in der großen Gräservielfalt zurechtzufinden.

[a] VORBEREITUNG Die Bodenvorbereitung ist die Basis einer erfolgreichen Pflanzung. Alle Wurzelunkräuter (hier Ackerdistel) sollten penibel entfernt werden.

[b] AUFSTELLUNG Zur optimalen Verteilung im Beet werden alle Gräser und Stauden erst einmal ausgestellt. Beziehen Sie für eine gelungene Höhenstaffelung die Endhöhen der Pflanzen ein.

[c] PFLANZUNG Stark durchwurzelte Töpfe werden am besten mit einer Gartenschere aufgeschnitten.

[d] VERSORGUNG Nach der Pflanzung ist gründliches Angießen unerlässlich.

# GRÄSER PFLANZEN

## *Von Frühjahr bis Herbst*

Staudengräser können vom Frühjahr bis zum Herbst gepflanzt werden. Allerdings sollte die Pflanzung im Herbst nicht zu spät erfolgen, damit vor dem Winter noch eine gute Bewurzelung erfolgen kann.

### JE NACH WUNSCH

Besonders in rauen Gebieten ist es sinnvoll, die Neupflanzung im Laufe des Septembers abzuschließen. Der Vorteil einer Pflanzung im Sommer und Herbst liegt darin, dass sich die Gräser zu diesem Zeitpunkt von ihrer Schokoladenseite mit voll ausgebildetem Laub und meist auch mit Blütenständen präsentieren. So fällt es vielen Gartenbesitzern leichter, ihre Favoriten auszuwählen.

### EIN BEET BEPFLANZEN

Gräser wachsen in jedem normalen Gartenboden. Vor dem Einpflanzen wird der Boden mit dem Spaten oder der Grabegabel gründlich gelockert. Hierbei sollten die Wurzeln von Unkräutern wie Giersch, Quecke, Schachtelhalm und Ackerwinde möglichst vollständig entfernt werden. Die Gräser werden aus den Töpfen/Containern herausgenommen. Bei der Pflanzung von Gräsergruppen stellen Sie am besten erst einmal alle Pflanzen auf das Beet, bevor Sie diese eingraben. So können noch kleine Veränderungen vorgenommen werden, bis das Gesamtbild stimmig ist. Die Gräser werden so tief gepflanzt, wie sie vorher im Topf standen, so dass der Wurzelballen mit der Erdoberfläche abschließt oder maximal mit einer etwa 1 cm dünnen Schicht Gartenerde bedeckt ist. Die meisten Gräser vertragen eine zu tiefe Pflanzung schlecht. Das gilt besonders für Steppengräser. Nach der Pflanzung wird die Erde um den Wurzelballen leicht angedrückt, damit die Wurzeln guten Kontakt zum Boden bekommen und keine Hohlräume entstehen. Schließlich wird kräftig angegossen – auch bei regnerischem und bedecktem Wetter.

Es ist problemlos möglich, Gräser auch im Sommer bei heißen Temperaturen zu pflanzen. Allerdings sollte dann in den Wochen nach der Pflanzung eine gute Wasserversorgung sicher gestellt sein. Besser ist es, alle paar Tage durchdringend zu gießen, als jeden Tag einen kleinen Schluck zu geben.

### OPTIMALE DÜNGUNG

Bei den Ansprüchen von Gräsern an Boden und Düngung sollte zwischen den verschiedenen Gräsergruppen differenziert werden. Die Giganten unter den Gräsern, wie Chinaschilf und Pampasgras, bevorzugen einen fruchtbaren Boden mit einem etwas höheren Nährstoffgehalt. Hier ist es sinnvoll, magere Böden bei der Pflanzung mit Kompost oder Pflanzerde zu verbessern. Für ein optimales Wachstum sollten diese Arten zweimal jährlich mit einem organischen oder organisch-mineralischen Dünger versorgt werden. Die erste Düngegabe gibt man im März/April zu Wachstumsbeginn, die zweite folgt im Juni/Juli. Insgesamt werden etwa 80 bis 100 g Volldünger pro $m^2$ ausgebracht (Hinweise auf der Verpackung beachten).

Schattengräser wie *Carex* und *Luzula* sind bei mageren, sandigen Böden ebenfalls für eine Kompostgabe dankbar. Ihr jährlicher Düngerbedarf liegt mit etwa 40 bis 50 g pro $m^2$ deutlich niedriger. Steppengräser wie das Federgras lieben durchlässige, nährstoffarme Böden. Hier ist keine regelmäßige Düngung erforderlich.

[a]

[b]

[c]

[d]

**[a] SCHNEIDEN** Im März (vor dem neuen Austrieb) werden alle sommergrünen Gräser zurückgeschnitten; bei dicktriebigen Sorten am besten mit der Astschere.

**[b] WARTEN** Bei vielen Staudengräsern ist der neue Austrieb erst im April zu entdecken.

**[c] TEILEN** Durch Abstechen mit dem Spaten können Staudengräser problemlos vermehrt werden.

**[d] PFLANZEN** Die abgetrennten Teilstücke bekommen einen neuen Platz im Garten – angießen nicht vergessen.

# RÜCKSCHNITT
## & Teilung von Gräsern

Wichtige pflegende Tätigkeiten, um Gräser gesund, robust und von schöner Statur zu halten, sind der Rückschnitt und die Teilung von zu großen Gräserhorsten. Sie tragen dazu bei, dass Sie lange Freude an diesen Pflanzen haben.

### RÜCKSCHNITT IM FRÜHJAHR

Ein Großteil der beliebtesten Staudengräser ist sommergrün. Im März/April erscheint der erste grüne Austrieb. Im Sommer/Spätsommer erfolgt bei den meisten Sorten die Blüte. Ab September/Oktober beginnt die Herbstfärbung und danach vergilben die Halme und Blütentriebe, d. h. sie werden gelblich oder braun und trocken. Die diesjährigen Halme sterben also ab und das Staudengras überwintert geschützt in der Erde, um im Frühjahr erneut auszutreiben. Da die meisten Gräserhorste auch noch im Winter sehr stabil stehen und immer noch dekorativ aussehen, empfiehlt es sich, den Rückschnitt erst im Frühjahr vorzunehmen. Hierzu wird im März der gesamte Gräserhorst mit einer scharfen Gartenschere kurz über dem Erdboden abgeschnitten. Bei immergrünen Gräsern wie den Seggen werden lediglich die trockenen und beschädigten Blätter entfernt. Sollten sie nach extrem strengen Wintern stärkere Schäden davongetragen haben, ist auch hier ein kompletter Rückschnitt empfehlenswert. Die Blätter wachsen rasch nach, so dass die Gräser in kurzer Zeit wieder grün und üppig sind.

### TEILUNG ÄLTERER GRÄSERHORSTE

Nahezu alle Staudengräser lassen sich problemlos durch Teilung vermehren. Der günstigste Zeitpunkt hierfür ist bei Wachstumsbeginn im Frühjahr (Anfang März bis Anfang Mai), wenn der Neuaustrieb erscheint und sich der Boden schon etwas erwärmt hat. Der komplette Gräserhorst wird mit dem Spaten oder der Grabegabel aus der Erde geholt. Falls noch nicht erfolgt, sollten sommergrüne Gräser vorher zurückgeschnitten werden. Das macht die Teilung handlicher und der Rückschnitt der abgestorbenen Triebe sollte ohnehin jährlich im März/April erfolgen. Bei kleineren Gräsern kann die Teilung mit der Hand durch Auseinanderreißen der Gräserhorste erfolgen. Bei kräftigen Pflanzen wie dem Chinaschilf verwendet man ein Messer oder den Spaten. Die Teilstücke werden anschließend an ihren neuen Standplatz im Garten gepflanzt. Viele Gräser haben in kleinen, lockeren Gruppen von drei bis fünf Exemplaren eine besonders harmonische Wirkung. Auch kann es sehr schön aussehen, ein Staudenbeet rhythmisch mit Gräsern zu strukturieren, so dass dieselbe Sorte auf der Länge des Beetes immer wieder auftaucht. Hierfür sind beispielsweise Chinaschilf *(Miscanthus)* und Reitgras *(Calamagrostis)* gut geeignet. Überzählige Teilstücke können problemlos in Töpfe gepflanzt werden – zum Schmücken der eigenen Terrasse oder als selbst gezogenes Geschenk. Nach dem Pflanzen/Topfen müssen die Gräser durchdringend gewässert werden. Die Erde sollte in den nächsten Wochen ständig leicht feucht sein.

Der genannte Vermehrungszeitraum von Anfang März bis Anfang Mai sollte bei den sommergrünen Arten und Sorten unbedingt eingehalten werden, da viele von ihnen nach dem Austrieb sehr schnell in die Höhe wachsen und bei zu später Teilung mit großen Ausfällen zu rechnen ist. Bei schopfartigen, immergrünen Gräsern wie *Carex*, *Luzula* und *Festuca* ist der Vermehrungszeitraum nicht so eingeschränkt. Hier ist für die Teilung neben dem Frühjahr auch der August/September ein guter Zeitraum.

[a] GEBÄNDIGT Mit einer Rhizomsperre lässt sich der Ausbreitungsdrang ausläuferbildender Gräser und Bambus wirkungsvoll eingrenzen. Die Wurzelsperre aus dickem Kunststoff wird 60 bis 70 cm tief in den Boden eingegraben.

[b] GESICHERT Die beiden Enden der Rhizomsperre werden mit einem Metallriegel stabil verschraubt. Das verhindert, dass Wurzelausläufer durch die Lücke hindurchwachsen.

[c] EINGEGRENZT Innerhalb der Wurzelsperre entsteht im Laufe der Jahre ein dichter Bambushain. Hier ein schöner Bestand von *Phyllostachys* mit dekorativen gelben Halmen.

# BAMBUSPFLEGE

## *Kein Zauberwerk*

So exotisch Bambus auch aussehen mag, in seinen Ansprüchen ist er ganz bodenständig. Daher kann er auch Gartenneulingen und extensiven Gartennutzern uneingeschränkt empfohlen werden.

### DIE PFLANZUNG

Bambus kommt mit jedem normalen Gartenboden zurecht. Magere, sandige Böden werden vor der Pflanzung mit Kompost oder Pflanzerde verbessert. Die Pflanzung kann von März bis Ende September erfolgen. Im August und September wächst Bambus besonders schnell und sicher an, da im Spätsommer das stärkste Rhizomwachstum stattfindet.

Vor der Pflanzung sollte Bambus durchdringend gewässert oder mit dem Wurzelballen für einige Minuten in Wasser getaucht werden. Falls die Töpfe stark durchwurzelt sind, werden sie mit einer Gartenschere aufgeschnitten. Bambus wird so tief gepflanzt, wie er vorher im Topf stand. Nach der Pflanzung wird die Erde gut angedrückt und die Pflanze gründlich gewässert. In den Wochen nach der Pflanzung ist eine gute Wasserversorgung besonders wichtig. Das gilt vor allem für heiße und windige Tage, an denen die Blätter große Wassermengen verdunsten.

### GUTE NÄHRSTOFFVERSORGUNG

Im Gegensatz zu vielen Staudengräsern hat Bambus einen relativ hohen Nährstoffbedarf und sollte regelmäßig gedüngt werden. Am besten verwendet man einen organischen oder organisch-mineralischen Dünger, der nach und nach im Boden frei gesetzt wird und so den Pflanzen über einen längeren Zeitraum zur Verfügung steht. Die Düngung erfolgt zwei Mal jährlich im März/April und im Juni/Juli.

### SINNVOLLE SCHNITTMASSNAHMEN

Normalerweise wird Bambus nicht regelmäßig geschnitten, sondern die Pflanzen entwickeln sich frei. Hierzu gibt es jedoch einige Ausnahmen. Zur Erzielung dichter Bambushecken mit einer definierten Höhe können Bambushalme eingekürzt werden. Einmal gekappt, wächst der einzelne Halm nicht mehr weiter in die Höhe, sondern entwickelt stattdessen eine besonders dichte Belaubung.

Ein sogenannter Auslichtungsschnitt kann sinnvoll sein, um die Schönheit der einzelnen Halme besser hervorzuheben. Nach sechs bis acht Jahren werden die Bambushalme meist unansehnlich. Das regelmäßige Herausschneiden der ältesten Halme kurz über dem Boden fördert die Entwicklung frischer Triebe und lässt Bambusbestände auch noch nach Jahrzehnten gut aussehen.

Nach strengen Wintern zeigen bodendeckende Bambus-Arten manchmal stärkere Laubschäden. Der gesamte Bestand kann dann im März/April bedenkenlos kurz über dem Boden zurückgeschnitten werden und regeneriert sich innerhalb weniger Wochen. Am besten gibt man nach dem Rückschnitt gleich eine Düngegabe als Starthilfe.

# NÜTZLICHE ADRESSEN

## GRÄSER UND BAMBUS

**Gräserwelten**
Aschhauser Str. 2a
26160 Bad Zwischenahn
Tel.: (0 44 03) 6 38 00
E-Mail: info@graeserwelten.de
www.bambus-graeserwelten.de

**Bambus Willumeit Gartenbau GmbH**
Nussbaumallee 69
64297 Darmstadt
Tel.: (0 61 51) 53 80 08
E-Mail: kontakt@bambus-willumeit.com
www.bambus-willumeit.com

**BambusCentrum Deutschland**
Wolfgang F. Eberts KG
Saarstr. 3-5
76532 Baden-Baden
**www.bambus.de**

**Bambus Zentrum München**
Rote-Kreuz-Str. 12
85737 Ismaning
Tel.: (0 89) 96 20 10 60
E-Mail: info@bambus-muenchen.de
www.bambus-muenchen.de

**Hofstetter Mühle GmbH**
Mühlenweg 34
88633 Heiligenberg - Steigen / Bodensee
Tel.: (0 75 54) 98 24 21
www. bambuswald.de

**Staudengärtnerei Gaissmayer**
Jungviehweide 3
89257 Illertissen
Tel.: (0 73 03) 72 58
E-Mail: info@staudengaissmayer.de
www.staudengaissmayer.de

## ROSEN

**Kordes Rosen**
Rosenstr. 54
25365 Klein Offenseth-Sparrieshoop
Tel.: (0 41 21) 4 87 00
E-Mail: info@kordes-rosen.com
www.gartenrosen.de

**Rosen Tantau**
Tornescher Weg 13
25436 Uetersen
Tel.: (0 41 22) 70 84
E-Mail: verkauf@rosen-tantau.com
www.rosen-tantau.com

**Noack Rosen**
Im Fenne 54
33334 Gütersloh
Tel.: (0 52 41) 2 01 87
E-Mail: info@noack-rosen.de
www.noack-rosen.de

**Rosenhof Schultheis**
Bad Nauheimer Str. 3–7
61231 Bad Nauheim-Steinfurth
Tel.: (0 60 32) 9 25 28 0
E-Mail: infos@rosenhof-schultheis.de
www.rosenhof-schultheis.de

**Rosen-Union eG.**
Steinfurther Hauptstr. 27
61231 Bad Nauheim-Steinfurth
Tel.: (0 60 32) 9 65 30
E-Mail: info@rosen-union.de
www.rosen-union.de

**Bioland-Rosenschule Ruf**
Zum Sauerbrunnen 35
61231 Bad Nauheim
Tel.: (0 60 32) 8 18 93
E-Mail: info@rosenschule-ruf.de
www.rosenschule-ruf.de

**Rosengärtnerei Kalbus**
Jana Malinakova
Hagenhausener Hauptstr. 1 b
90518 Altdorf
Tel.: (0 91 87) 57 29
E-Mail: rosen@rosen-kalbus.de
www.rosen-kalbus.de

**David Austin Roses Ltd**
Bowling Green Lane / Albrighton
Wolverhampton WV7 3 HB
Tel.: (0 08 00) 77 77 67 37
E-Mail: deutsch@davidaustinroses.com
www.davidaustinroses.com

## STAUDEN

**Staudengärtner Klose**
Rosenstr. 10
34253 Lohfelden / Kassel
Tel.: (05 61) 51 55 55
E-Mail: info@staudengaertner-klose.de
www.staudengaertner-klose.de

**Arends Maubach Stauden & Gartenkultur**
Monschaustr. 76
42369 Wuppertal-Ronsdorf
Tel.: (02 02) 46 46 10
E-Mail: stauden@arends-maubach.de
www.arends-maubach.de

**Staudenkulturen Stade**
Beckenstrang 24
46325 Borken
Tel.: (0 28 61 ) 26 04
E-Mail: info@stauden-stade.de
www.stauden-stade.de

**Kayser & Seibert**
Wilhelm-Leuschner-Str. 85
64380 Rossdorf
Tel.: (0 61 54) 90 68
E-Mail: info@kayserundseibert.de
www.kayserundseibert.de

**Staudengärtnerei Gräfin von Zeppelin**
Weinstr. 2
79295 Sulzburg-Laufen
Tel.: (0 76 34) 6 97 16
E-Mail: info@graefin-von-zeppelin.de
www.graefin-v-zeppelin.com

**Hof Berg-Garten**
**Stauden und Sämereien für naturnahe Gärten**
Lindenweg 17
79737 Großherrischwand
Tel.: (0 77 64) 2 39
E-Mail: info@hof-berggarten.de
www.hof-berggarten.de

## ZWIEBELBLUMEN

**Albrecht Hoch Blumenzwiebeln und Raritäten**
Potsdamer Str. 40
14163 Berlin
Tel.: (0 30) 8 02 62 51
E-Mail: mailto@albrechthoch.de
www.albrechthoch.de

**Albert Treppens & Co Samen GmbH**
Berliner Str. 84–88
14169 Berlin-Zehlendorf
Tel.: (0 30) 8 11 33 36
E-Mail: kontakt@treppens.de
www.treppens.de

**Zwiebelgarten Reinhold Krämer**
Waldstetter Gasse 4
73525 Schwäbisch Gmünd
Tel.: (0 71 71) 92 87 12
E-Mail: kuechengarten.kraemer@t-online.de
www.zwiebelgarten.de

**Blumenzwiebelversand Bernd Schober**
Stätzlinger Str. 94 a
86165 Augsburg
Tel.: (08 21) 72 98 95 00
E-Mail: bschober@der-blumenzwiebel-versand.de
www.der-blumenzwiebelversand.de

## KRÄUTER- UND DUFTPFLANZEN

**Kräuter- und Staudengärtnerei Mann**
Schönbacherstr. 25
02708 Lawalde
Tel.: (0 35 85) 40 37 38
E-Mail: info@pflanzenreich.com
www.staudenmann.de

**Rühlemann's Kräuter & Duftpflanzen**
Auf dem Berg 2
27367 Horstedt
Tel.: (0 42 88) 92 85 58
E-Mail: info@ruehlemanns.de
www.ruehlemanns.de

**Otzberg Kräuter**
Erich-Ollenhauer-Str. 87 b
65187 Wiesbaden
Tel.: (06 11) 8 12 05 45
www.otzberg-kraeuter.de

**Syringa Duftpflanzen und Kräuter**
Bachstr. 7
78247 Hilzingen-Binningen
Tel.: (0 77 39) 14 52
E-Mail: info@syringa-pflanzen.de
www.syringa-pflanzen.de

**Raritätengärtnerei Treml**
Eckerstr. 32
93471 Arnbruck
Tel.: (0 99 45) 90 51 00
E-Mail: treml@pflanzentreml.de
www.pflanzentreml.de

## BALKONPFLANZEN

**Gärtner Pötschke**
Beuthener Str. 4
41564 Kaarst
Tel.: (0 18 05) 86 11 00
E-Mail: info@poetschke.com
www.gaertner-poetschke.de

**Ahrens & Sieberz**
53718 Siegburg-Seligenthal
Tel.: (01 80) 5 14 05 15
E-Mail: info@as-garten.de
www.ahrens-sieberz.de

**Kientzler GmbH & Co.KG**
Binger Str. 31
55454 Gensingen
Tel.: (0 67 27) 93 01-0
E-Mail: info@kientzler.com
www.kientzler.de

**Jungpflanzen Liebig**
Kirchspiel 106
59077 Hamm/Pelkum
Tel.: (0 23 81) 3 04 91 70
E-Mail: info@liebig-vertrieb.de
www.jungpflanzen-liebig.de

**Baldur-Garten GmbH**
Elbinger Str. 12
64625 Bensheim
Tel.: (0 18 05) 10 35 55
E-Mail: info@baldur-garten.de
www.baldur-garten.de

**Stegmeier Gartenbau**
Unteres Dorf 7
73457 Essingen
Tel.: (0 73 65) 2 30
E-Mail: info@pelargonien-stegmeier.de
www.gaertnerei-stegmeier.de

## KÜBELPFLANZEN

**Gärtnerei Baum**
Strohgäustr. 51
71229 Leonberg
Tel.: (0 71 52) 2 45 57
E-Mail: info@baum-leonberg.de
www.baum-leonberg.de

**Flora Mediterranea**
Königsgütler 5
84072 Au/Hallertau
Tel.: (0 87 52) 12 38
E-Mail: info@floramediterranea.de
www.floramediterranea.de

**Flora Toskana**
Schillerstr. 25
89278 Nersingen OT Strass
Tel.: (0 73 08) 9 28 33 87
E-Mail: info@flora-toskana.de
www.flora-toskana.com

## ACCESSOIRES UND GARTEN-MÖBEL

**car-Selbstbaumöbel T. Küstermann e. K.**
Gutenbergstr. 9 a
24558 Henstedt-Ulzburg
Tel.: (0 41 93) 7 55 50
E-Mail: office@car-moebel.de
www.car-moebel.de

**Pötschke Ambiente GmbH**
Parkstr. 18
41564 Kaarst
Tel.: (0 18 05) 91 15 08
E-Mail: ambiente@poetschke.de
www.poetschke-ambiente.de

**Manufactum GmbH & Co. KG**
Hiberniastr. 5
45731 Waltrop
Tel.: (23 09) 93 90 60
E-Mail: info@manufactum.de
www.manufactum.de

**Eschbach Accente GmbH**
Hennefer Str. 2
53819 Neunkirchen-Seelscheid
Tel.: (0 22 47) 9 69 30
E-Mail: paul.eschbach@eschbach-accente-overseas.com
www.eschbach-accente.de

**Country Garden ESH-Rhenania GmbH**
Im Weidboden 12
57629 Norken
Tel.: (0 26 61) 9 40 52-43
E-Mail: info@country-garden.com
www.country-garden.com

**Fischer Möbel GmbH**
Dieselstr. 6
73278 Schlierbach
Tel.: (0 70 21) 72 76-0
E-Mail: info@fischer-moebel.de
www.fischer-moebel.de

**Rausch Classics GmbH**
An der Tagweide 14
76139 Karlsruhe
Tel.: (07 21) 9 61 69-0
E-Mail: verkauf@rausch-classics.de
www.rausch-classics.de

**Blickpunkt Garten Harald Limmer KG**
Arzbergerstr. 20
81549 München
Tel.: (0 89) 68 72 32
E-Mail: info@blickpunkt-garten.de
www.blickpunkt-garten.de

**Weishäupl Möbelwerkstätten GmbH**
Neumühlweg 9
83071 Stephanskirchen
Tel.: (0 80 36) 90 68-0
E-Mail: kontakt@weishaeupl.de
www.weishaeupl.de

**Freitag Weidenart**
Feldfahrt 2 a
85354 Freising
Tel.: (0 81 61) 9 15 76
E-Mail: freitag-weidenart@arcor.de
www.freitag-weidenart.com

**Liebenauer Landleben GmbH**
Siggenweilerstr. 10
88074 Meckenbeuren
Tel.: (0 75 42) 10-11 94
E-Mail: Wolfgang.Bausch@liebenauer-landleben.de
www.liebenauer-landleben.de

**DENK Keramische Werkstätten e.K.**
Neershofer Str. 123–125
96450 Coburg
Tel.: (0 95 63) 20 28
E-Mail: info@denk-keramik.de
www.denk-keramik.de

# REGISTER

**Hervorgehobene** Seitenzahlen verweisen auf Abbildungen.

## IMPRESSUM

Umschlaggestaltung von Gramisci Editorialdesign, München unter Verwendung eines Farbfotos von Flora Press/GAP, Hamburg (Umschlagvorderseite) und eines Farbfotos von Flora Press/Royal Horticultural Society (Umschlagrückseite)

Mit 166 Farbfotos.

Alle Angaben in diesem Buch sind sorgfältig geprüft und geben den neuesten Wissensstand bei der Veröffentlichung wieder. Da sich das Wissen aber laufend in rascher Folge weiterentwickelt und vergrößert, muss jeder Anwender prüfen, ob die Angaben nicht durch neuere Erkenntnisse überholt sind. Dazu muss er zum Beispiel Beipackzettel zu Dünge-, Pflanzenschutz- bzw. Pflanzenpflegemitteln lesen und genau befolgen sowie Gebrauchsanweisungen und Gesetze beachten.
Die Blütenfarben sind sortenabhängig, daher können auch Farben auf dem Markt sein, die im Buch nicht genannt werden. Die Blütezeiten sind ebenfalls sortenabhängig, aber auch klima- und standortabhängig. Die angegebenen Wuchshöhen und -breiten der Pflanzen sind Mittelwerte. Sie können je nach Nährstoffgehalt des Bodens variieren. Verschiedene Sorten können deutlich größer oder auch kleiner wachsen als die Art.



FSC
www.fsc.org
MIX
Papier aus verantwortungsvollen Quellen
FSC® C023164

Gedruckt auf chlorfrei gebleichtem Papier


ISBN 978-3-440-13374-3
Projektleitung: Birgit Grimm
Redaktion: Birgit Grimm
Gestaltungskonzept: Gramisci Editorialdesign, München
Gestaltung und Satz: DOPPELPUNKT, Stuttgart
Produktion: Jürgen Bischoff
Printed in Italy / Imprimé en Italie

## BILDNACHWEIS

Mit 164 Farbfotos von :
Ursula Borstell, Essen: 40, 70, 114 oli, ure; Botanikfoto/Stefan Hauser, Berlin: 16 ore, 30 re, 46 oli, 52 li, 58 ore, 79 li, 106, 120 oli; Botanikfoto/Hans-Roland Müller: 20 ore, 38 alle 3, 54 li, 58 li, 74 ore; Flora Press, Hamburg: 4 ure, 68 uli, 84; Flora Press/BIOSPHOTO: 52 re, 136 oli, re; Flora Press/Gisela Caspersen: 72 li; Flora Press/Flowerphotos Carol Sharp: 118 uli; Flora Press/FocusOnGarden.de/Luc: 4 uli, 112 ore; Flora Press/MBPimages: 86 li; Press/Nova Photo Graphik: 60 re; Flora Press/Ursula Pechloff: 2; Flora Press/Practical Pictures: 66 li; Flora Flora Press/The Garden Collection: 4 oli, 22 ore, 44 ore, 64 re, 96 ore, uli, 100 oli, 108 ure, 112 oli; Flora Press/Visions: 28 li, ure, 34 re, 36 o, 50 li, 56 beide, 98 re; GBA/Clive Nichols, Au/Hallertau: 6, 74 oli, 86 re; GAP Photo: 18 li, 30 uli, 32 re, 34 li, 48 u, 80 li, 100 ure, 114 oli; GAP Photo/Lee Avison: 26 ure, 46 ore; GAP Photo/BBC Magazines Ltd: 90 re; GAP Photo/Richard Bloom: 28 ore, 42 beide; GAP Photo/Adrian Bloom: 102 li; GAP Photo/Tomek Ciesielski: 44 oli; GAP Photo/Leight Clapp: 102 ore; GAP Photo/John Clover: 26 oli; GAP Photo/Tim Gainey: 58 ure; GAP Photo/FhF Greenmedia: 44 u; GAP Photo/Clive Nichols: 60 uli, 98 li; GAP Photo/Howard Rice: 124 uli, Mi re; GAP Photo/Rob Whitworth: 4 ore, 118 o; Gartenschatz GmbH, Stuttgart: 12 oli, ore, ure, 16 ure; Harpur garden images: 112 ure; Mauritius Images: 24, 60 oli, 122 ure, 126 ore; Reinhard Tierfoto/Hans Reinhard, Heiligkreuzsteinach: 46 ure, 96 oli, 110 oli, 134 oli, ore; Reinhard Tierfoto/Nils Reinhard: 136 uli; Gabriele Richter, Oldenburg: 4 Mi o, 10 oli, 14 uli, 16 uli, 18 beide re, 20 oli, uli, 26 ore, 30 oli, 32 li, 48 o, 50 re, 54 ure, 72 ore, 76 beide, 78 ure, 80 ore, 82 beide, 108 uli, 120 uli, ure; Manfred Ruckszio, Taunusstein: 12 uli; Martin Staffler, Stuttgart: 22 u, 74 ure, 78 ore, 80 ure, 110 re, 114 uli, 124 oli; Friedrich Strauß, Au/Hallertau: 10 ore, 14 oli, re, 62, 64 oli, 66 re, 68 ore, 88 alle 3, 90 oli, 92 beide, 94 beide, 104 beide, 108 oli, 110 uli, 118 ure, 122 oli, 128, 130, 132 alle 4, 134 uli, ure; Annette Timmermann, Kalübbe: 8, 10 ure, 16 oli, 22 oli, 36 ure, 54 ore, 112 uli, 116, 126 li;